JN079706

高倉式コンポストと
JICAの国際協力

スラバヤから始まった高倉式コンポストの歩み

髙倉　弘二

TAKAKURA Koji

はしがき

　急激に経済が発展していくなか、人口の自然増や流入人口の増加により、否応なしに発生するのがごみ問題である。インドネシアも決して例外ではない。輝かしい経済成長の裏で、川や空き地に投げ込まれたごみの山が悪臭を放ち害虫の棲み処になっているにも関わらず、廃棄物処理場での適正処理がなされていない状況が長年続いていた。深刻なごみ問題に直面する同国において、「自らの手でリサイクルが完結する唯一の方法」である生ごみのコンポスト技術を人々に根付かせた日本人がいる。高度経済成長の最中にあった1960年代の日本で「煤煙の空」、「死の海」等と呼ばれ、日本の環境問題の縮図ともいえる北九州地域で環境保全関連の業務に取り組んでいた髙倉弘二氏である。

　同氏はコンポスト技術の導入を通じて学んだこととして、「人々に物事を伝えるときに一番大切なことは、『驚き・感動・笑顔』である」、「俺が俺がの我（が）を捨てて、お陰お陰の下（げ）で生きる」ことが大事だと述べている。ごみ問題という手強い課題に立ち向かい、インドネシアの人々と同じ目線で物事を考え、解決に向けて協働するなかで得られたであろうこの視点は、異なる言語、文化、慣習、制度を持つ人々とのコミュニケーションを要する国際協力にとって、極めて重要である。コンポストの規模を問わず、現地で安価かつ容易に手に入る資機材および機械などを利用してコンポストを製作することで、生ごみのリサイクルを彼らが持つリソースで完結させるよう工夫を施す。それは現地の人々との密接な関係を構築しなければ成し得ないことである。またその成功体験をインドネシアに留めるのではなく、世界に向けて発信する姿勢からも、髙倉氏のコンポスト技術への情熱と現場主義の姿勢を読み取ることができる。

本書は、ごみで溢れる街を緑で溢れる街へと変化させた、熱心で、時にユーモラスな髙倉氏の活動をまとめたものである。著者である髙倉氏の視点から当時の人々の様子や風景が描かれており、臨場感溢れるヒューマンストーリーとなっている。同氏の長年に亘る活動から得た学びや気付きを多くの人に、特にこれから国際協力に携わる若者たちに是非伝えたいとの思いから本書の刊行に至った。

　公式な報告書には残されない、一人の日本人の奮闘の日々を描いた物語。本書を通じてそれを紹介することにより、魅力溢れる国際協力の世界について読者の皆様に知っていただくきっかけになればと思う。

　本書は、JICA緒方研究所の「プロジェクト・ヒストリー」シリーズの第34巻である。この「プロジェクト・ヒストリー」シリーズは、JICAが協力したプロジェクトの背景や経緯を、当時の関係者の視点から個別具体的な事実を丁寧に追いながら、大局的な観点も失わないように再認識することを狙いとして刊行されている。そこには、JICA報告書には含まれていない、著者からの様々なメッセージが込められている。廃棄物をテーマとしたものは、バングラデシュ（第17巻）、大洋州島嶼国（第21巻）に続き3作目だが、同テーマでインドネシアを舞台にしたプロジェクト・ヒストリーは本書が初めてである。益々の広がりを見せている本シリーズ、是非、一人でも多くの方に手に取ってご一読いただければ幸いである。

JICA緒方貞子平和開発研究所

研究所長　髙原 明生

目次

序　章

コンポストって何だ？

フィリピン

メダン

マカッサル

ジャカルタ

インドネシア

東ティモール

スラバヤ

デンパサール

オーストラリア

第1節　そもそもコンポスト技術とは？

　「高倉式コンポスト」は、世界中で認知され使用されているコンポスト技術です。私が現地で直接指導した国だけでも日本を含め14カ国、青年海外協力隊（JOCV）が現地活動に取り入れた国は53カ国、研修を実施した国は70カ国以上になります。世界的に普及した生ごみリサイクル技術、廃棄物減量法といえると思います。とはいうものの、日本での一般的知名度はまだまだ低く、何のことか分からず首を傾げる人、中にはコンポストのことを知らない人もいるかもしれません。そこで、ストーリーに入る前に、まずは「そもそもコンポストとは何ぞや」から説明していきます。知っている人の中にも、「なんだ、そうだったのか」「勘違いしていた」など、新しい気付きもあるかと思います。

図1　高倉式コンポストの普及の様子

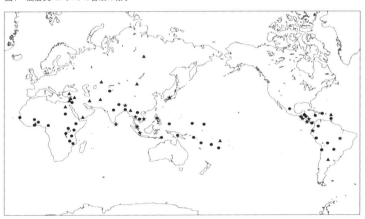

凡例

★：高倉が現地で直接指導（JOCV支援活動を含む＋日本）　　14カ国
●：JOCV環境教育隊員が現地で指導・実践　　　　　　　　　53カ国
▲：日本で高倉式コンポスト研修を受講（受講のみ）　　　　70カ国（15カ国）

開発途上国と廃棄物埋め立て処分場

　私が廃棄物管理改善に係わる国際協力に携わり、初めての現地調査で印象に強く残ったのは、廃棄物埋め立て処分場のことでした。海岸近くの処分場へ車で向かう途中、市の中心部からしばらく走ると遠くに丘のようなものが見えてきました。辺りは平地で突然丘が見えたので、不思議だなと思っていました。そうです、ごみの山でした。そして、その姿がはっきりと見える頃に異臭がしてきました。日本では嗅ぐことがないような強烈な悪臭です。でも、私は既にその臭いを経験しています。それは、生ごみコンポスト技術を取得すべく、様々な報告書や文献を基にコンポスト試験に取り組み、その時に失敗したときに漂ってくる腐敗臭そのものだったのです。さらに処分場内を進んでいくと、ウエストピッカーがバックホウ重機の動きなどお構いなしに資源ごみを漁（あさ）っていました。また、掘っ立て小屋があって、そこで簡単な食事や飲み物が提供されているのを目のあたりにしました。開発途上国の廃棄物埋め立て処分場の実態は理解していたつもりですが、その現実には驚くばかりでした。後に、地元のNGOから聞いた話ですが、処分場の掘っ立て小屋で生活している家族がいて、そこの子供は処分場で生まれ、育ち、当然学校には行っていません。親を見て育つので、5～6才からウエストピッカーとして働く子もいるとのことでした。私は、生ごみコンポストが普及することで処分場に運ばれる生ごみが少なくなれば、少しは悪

掘っ立て小屋が立ち並ぶ

ウエストピッカー

臭の発生も少なくなり衛生的にも良くなるかもしれないと思いました。

コンポストとは「堆肥」のこと

　「コンポスト」はつねにカタカナ表記になっており、決して「こんぽすと」とひらがな表記されることはありません。ということは、「コンポスト」は昔からあった言葉ではなく、比較的新しい言葉だということです。実は、コンポストは「堆肥」を意味する言葉。それだけで途端に身近な存在になりませんか。人類は古くから堆肥を農業に利用してきた歴史を持っており、家庭でも、野菜や花などの植物を育てる時は必ずといってよいほど堆肥を使っています。そして、この堆肥のつくり方には2通りあります。1つは、山の腐葉土のように有機物が自然に堆肥化した結果であったり、牛ふんを積み上げて長期間放置しておくと堆肥になるなど、自然に倣った経験則をもとにつくる方法です。私がこれから語ろうとしているのはもう1つの方法で、技術的な裏付けをもとに堆肥をつくる方法なのです。

　ここでは基本的に「堆肥」ではなく「コンポスト」と言いますが、それには理由があります。後述しますが、高倉式コンポストは日本で確立したのではなく、インドネシア・スラバヤ市で確立された技術だからです。経験則に基づく堆肥化ではなく、堆肥化の基礎理論・技術に基づく堆肥化であることを区別することも含め、日本語では「高倉式コンポスト」、海外では「Takakura Composting Method」の表記で統一しています。

　ここで、コンポスト技術の歴史的な流れについて触れておきたいと思います。

　自然に倣った経験則をコンポスト技術として系統的に取りまとめたのが、イギリスの植物病理学者・農学者であるアルバート・ハワードでした。1924年から1934年の間、ハワードはインドのインドール地方でコンポストの研究に打ち込み、開発したコンポスト技術を「インドール式堆肥化法」としてまとめました。このインドール式堆肥化法は堆肥づくりの源流であり、憲法ともいえ

ると評価されています。日本ではこれに先駆け、1920年に神奈川県内務部から「堆肥のすめ」という冊子が発行されました。これは、現在からみても適切なものであると評価されており、この時既にコンポスト材料として生ごみが注目されていました。冊子の一節には次のように記述されており、生ごみのコンポスト化は昔も今も変わらないテーマであることをうかがい知ることができます。

『都会からたくさん出る所の厨芥類は堆肥の好材料であります。 ところが、現今、多くの都会では、この厨芥の捨て場に困って、やむを得ず、埋め立て地に利用しているようなわけで、むざむざ貴重な肥料を地下に埋没しているのは、誠に遺憾至極であります。故に、都市付近の農家は、適宜、組合を組織して、都会の塵芥を回収し、それをもって堆肥を製造するようにしたいものであります』

ペットを飼うように生息環境を整える

コンポストを簡略して説明するとしたら、次のように表現することができます。少し小難しくなりますがご容赦ください。

『コンポストとは、有機物が生物による分解や再合成を通じて、植物が利用できる形に変換されたもの』

ここでいう「有機物」とは、生物がつくり出したものと考えると分かりやすく、生ごみ、落ち葉、稲わら、牛ふんなどを指します。次に「生物」については大きく2種類に分けることができます。1つは、乳酸菌、納豆菌、酵母菌、麹菌などの肉眼では見えない生き物のことで、私はひとくくりに微生物と呼んでいます。もう1つは、ミミズやウジ虫などの昆虫のような生き物（ミミズは昆虫ではないので昆虫のようなものと表現）を指し、それらの糞も良質なコンポストになります。そして、「分解や再合成」とは、植物が利用することができる状態まで有機物を分解したり、有用な成分をつくったり、また生物自身が増殖することです。最後に「植物が利用できる形に変換」とは、

植物の成長に必要な窒素、リン酸、カリなどの肥料成分、ビタミンのような物質やホルモンのような物質、時には抗生物質をつくることもあります。さらには、土壌の状態を改善し植物の持つ能力をフルに発揮するベースをつくること、簡単に言うとフカフカでやわらかい土になることにも貢献します。

　このように、コンポストには深く生物が関係しています。したがって上手なコンポストづくりとは、「水分」「酸素」「温度」「pH」「有機物の種類」など、生物にとって最適な生息環境を整えることに尽きます。「有機物は小さくした方が食べやすいかな」と工夫するなど、可愛いペットを飼うことと全く一緒といってもいいのではないでしょうか。私は市民対象のコンポスト講座で次のように話しています。「コンポスト容器の中にはかわいい微生物がたくさんいます。可愛いペットを飼うつもりで接すると必ず成功します」と。それを聞いた受講者は、「傷んだうどんをコンポスト容器にそのまま入れるのではなく、茹でて軟らかくしてから温かい状態でコンポストにあげました」と私に教えてくれました。これはとても理にかなっていることです。まず、軟らかくすることで微生物は格段に分解しやすくなります。また、温度が高い方が微生物は活発に動くことができるのです。

　図2にコンポストの方法としてまとめました。なお、図中の好気とは酸素を

図2　コンポストの方法

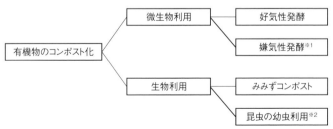

※1　二次処理として土や腐葉土などと混合して好気発酵後に使用したり、二次処理せずに直接施肥する場合は土中で好気発酵させることになります。
※2　利用する昆虫としてイエバエの幼虫やミズアブの幼虫などがあります。

利用すること、嫌気とは酸素を利用しないことと捉えてください。

「土壌改良」する力

　コンポストの効用としては、一般的には植物が成長するための肥料成分、すなわちコンポストは有機肥料であるといわれることが多いようです。しかし、コンポストの一番の特徴は何かといえば「土壌改良」という優れた力を持っていることです。ちょっと力が入りすぎるかもしれませんが、この土壌改良の力を十分に引き出すためのコンポストづくり、コンポストの使い方を理解しないともったいない。先に少し触れましたが、植物が成長するための基盤である土壌環境を整えることで、植物が持つ能力をフルに発揮することができます。その能力とは、収穫量、食味、病害虫に対する防御力などです。また、土壌中の環境が良くなると生物の多様化とその維持が図られ、植物の健全な成育をサポートすることになります。

　生物の多様化といってもピンとこないかもしれませんが、微生物だけでなく小さな昆虫などの生き物（専門用語で土壌動物：Mesofauna）の数や種類が増えます。土壌動物は0.2～2mm程度のカニムシ、ダニ、トビムシ、ヒメミミズ、線虫や2mm以上の陸貝、ミミズ、ワラジムシ、ダンゴムシ、甲虫の幼虫などがいて、ほとんどは悪さをしないというよりも、私は有益な働きをすると考えています。しかし、化学肥料の多施肥や農薬散布などで生物相が崩れ、一部の虫が異常に増えて植物に害を与えることがあります。土壌動物の例を図3に示します（私が実写しました）。

図3　土壌動物の例

ダンゴムシ　　　　ダニ　　　　トビムシ　　　　ジムカデ　　　　ヒメミミズ

　農業が土壌改良として目指す土づくりとは、具体的には「土壌の団粒化」と呼ばれ、通気性（根への酸素の供給）・保水性（水持ち）・透水性（余剰な水を流す）を確保すると同時に、様々な生物が生息することができる土壌環境をつくることです。森や草原などの自然界では、植物と土壌動物を含め自らが自らに適した環境をつくり出しています。しかし、多収量を目指す近代農業という人の手を入れるという行為が、その自然の仕組みを壊すことになります。これを修復するためには、人の手としてコンポストを畑地に投入しケアしなければならない、この考え方は至極当たり前のことではないでしょうか。

　そしてできあがったコンポストは化学肥料に負けないくらい、いえ、それ以上の効果があります。野菜や果物の色つやが良い、美味しい、野菜や果物本来の味がする、実成が良いなど、言葉で説明するよりも、実際に生ごみコンポストを使用して実感することをお勧めします。

やめてしまう2つの理由

　コンポストの原料にもよりますが、腐りやすいものや牛糞などの汚物感のあるものは、できるだけ素早く汚物感を取り除く必要があります。

　家庭で取り組む生ごみコンポストの方法は、〇〇式コンポストとして多くの方法があります。生ごみを減らす、生ごみのリサイクルとして取り組み始めますが、途中で悪臭やハエなどの虫が発生したために、コンポストを止めてしまうことがよくあります。また、最初の頃は、毎日、生ごみをコンポスト容器に入れて処理をすることが楽しかったけれども、次第に面倒になり、やがては止めてしまうこともあります。

　このように、止めてしまう理由は大きく2つ考えられます。1つはコンポストの技術的な理論に重きを置かず、手法だけに偏っているから。もう1つは、トラブルが生じたときのフォローアップ体制が整っていないことにあると考えます。コンポストを展開する際にはこの2点を克服すべき課題ととらえ、よく考

慮したうえで取り組むようにしています。

　コンポストセンターのように大規模でコンポストに取り組む場合も、家庭レベルと同様に悪臭と虫の発生により、せっかくの生ごみリサイクル施設が迷惑施設になってしまうことがあります。ベトナムのある都市で、外国のODAを利用して総工費21億円、混合ごみ受け入れ能力200t/日のコンポストセンターが建設され運用されていました。しかし、悪臭問題による近隣からの苦情と良質なコンポストの製造ができず、撤去寸前まで追い込まれてしまいました。

　コンポストセンターの設備に問題があったわけではなく、設備の引き渡し時に指導を受けたコンポスト技術が、設備に対して適切でなかったことがあげられます。どちらかというと、機械がコンポストをつくるというイメージです。復活させるために必要なことは、コンポストの基礎理論をしっかりとトレースし、それに合わせて設備の運用方法を改善したり、不足するものを追加するだけです。そこで、2016年から現地で活動を開始し、コンポストの基礎理論と技術研修を実施。その後、既存設備に応じて技術の適正化だけでなく、ごみの収集運搬体制の適正化と事業者・市民への啓発を図ることで、良質なコンポストを製造するコンポストセンターに生まれ変わりました。

第2節　ただのコンポストから「高倉式」へ

日本で生まれ、インドネシアで陽の目を見た

　「高倉式コンポスト」は読んで字のごとく、私・高倉の長年の研究成果を具現化した生ごみコンポスト技術です。その一番の特徴は、「コンポストの基礎理論を再現する技術体系とし、現地での技術の適正化が容易となるように工夫したこと。コンポストの規模の大小を問わず、現地で安価かつ容易に手に入る資機材及び機械などを使用して取り組むことができ、現地の実情に応じて使用することで生ごみのリサイクルを完結させる」という点にあります。

　私は2002年当時、北九州市に事務所を構えるJ-POWERグループ　株式会社ジェイペック（J-POWER/JPec）に勤務していたころ、コンポストの基礎理論を求めて、大学の教授や農業試験場の研究員などの研究者、有機農業を展開する実践者、そして文献等から多くのことを学びました。また、行政の関係者や講座からは市民や事業者への啓発について学び、生ごみコンポストのモデル事業を実施したことで多くの市民と触れ合い意見交換を行いました。この北九州市での経験・知見・知識を生かして、JICAの専門家としてインドネシア国スラバヤ市に短期派遣されていたときに確立されたコンポスト技術が世界に普及し、後に「高倉式コンポスト」と呼ばれるようになりました。

　スラバヤ市でコンポスト技術を確立するに当たり、私は「現地で開発した技術が現地に根付き、取り組みが容易に継続でき、さらに地域技術として自立的に発展（拡大普及）できること」がプロジェクト成功の必要十分条件と考え、具体的に次の7つの項目を設定しました。

① 　ローエネルギー・ローコスト・シンプルテクノロジー

② 　地域の気候風土・習慣を考慮

③ 　地域で調達できる材料を利用

④ 　化学物質を極力不使用

⑤ 　自らが応用・改善できる基礎を理解

⑥ 　提供する技術・ノウハウは営利ではなく社会還元

⑦ 　市民・行政・NGOが協働できるシステムを構築

　このように考えながら技術を確立した結果が、高倉式コンポストの特徴にもなっていったのです。

JICAの環境保護活動を介して世界へ

　コンポスト技術を確立したスラバヤ市での活動は、環境省所管の独立行政法人環境再生保全機構により運用される地球環境基金の助成事業で

した。事業が終わるころには、「高倉式コンポスト」で改善したコミュニティコンポストセンターが1カ所、家庭で生ごみコンポストに取り組む世帯が200カ所あるので、事業としては成功といえるだろうと考えていました。ところが、国際協力機構九州センター（JICA九州）が高倉式コンポストを取り上げたことがきっかけとなって、世界へと広がっていきました。JICA九州の研修員受入事業の講師として高倉式コンポストを講義したり、JICA青年海外協力隊（環境教育）[1] が現地で活動する有効なツールとして位置付け、派遣前研修で講義したりしました。また、JICA草の根技術協力事業（草の根協力支援型・地域活性型・草の根パートナー型）の専門家として、JICA青年海外協力隊（環境教育）の活動をサポートするために現地で直接指導を行いました。また、北九州市の海外技術協力や公益財団法人地球環境戦略研究機関（IGES）のプログラムでも現地で直接指導しています。

　その結果、高倉式コンポストは、私が現地で直接指導した国は日本を含めて14カ国、青年海外協力隊が現地活動に取り入れた国は53カ国、高倉式コンポストの研修を受けた国は70カ国以上となりました。

自らの手でリサイクルが完結する唯一の方法

　ごみを減らすということについては、2005年に環境省が全国的に3R推進キャンペーンを開催してから、早17年が経過しました。皆さんも家庭で資源ごみのリサイクルに取り組んでいることと思います。自治体によって資源ごみとして取り扱う品目が異なりますが、家庭ごみは、紙類（新聞・雑誌・雑紙・段ボール）、ペットボトル、金属類（びん・缶・金属製のなべ・やかん・フライパン）に分別して保管し、指定された日に指定された場所に出します。生ごみはどうかというと、燃えるごみとして袋に入れ（ある意味分別し

1）プロジェクト当時は、「青年海外協力隊」の名称は青年とシニアに分かれていましたが、現在は20～69歳をまとめて「JICA海外協力隊」の名称になっています。また、本書に出てくる協力隊員の職種は「環境教育」になります。

ています）、やはり指定された日に指定された場所に出します。このように考えると、家庭では資源ごみも燃えるごみ（生ごみ）も同じことをしているだけです。一方で生ごみコンポストはどうでしょうか。生ごみを分別して、コンポスト容器で処理をしてコンポストをつくる。できたコンポストは家庭菜園等で使用する。栽培した野菜は食材として利用します。皆さん気付かれましたか。生ごみコンポストは、"自らの手でリサイクルが完結する唯一の方法である"といっても過言ではないのです。これは資源循環の最先端であるサーキュラーエコノミーを家庭単位で具現化していることになります。

　燃えるごみのうち生ごみが占める割合について地方自治体のウェブサイトを見てみると、40～50%程度です。リサイクル可能な紙類、容器包装プラスチックの割合も大きく、これらの分別回収が進めば生ごみの占める割合はさらに大きくなります。燃えるごみのうち生ごみが占める割合50%とすると、生ごみの水分量は約80%なので、1tの燃えるごみは0.4tの水を含むことになります。一般的なごみ収集車の最大積載量は約2t。ということは、0.8tもの水が運ばれ焼却炉に投入されることになります。市役所等が「生ごみの水切り」を皆さんにお願いしている理由がここにあります。

　では、ここで、廃棄物減量に果たす高倉式コンポストの役割を具体的に考えてみましょう。まず、日本での役割はどのように考えることができるのでしょうか。

　私が住む北九州市の場合、家庭から発生する生ごみの量は平均して1日500g程度です。家庭で生ごみコンポストに取り組むことで、毎日500gのごみを減量することができます。それと同時に隠れたところで、生ごみを収集運搬して焼却するために必要なエネルギー使用の削減と、CO_2の排出が抑制されます。大規模なコンポストセンターでリサイクルすることと比較しても、生ごみを分別回収してコンポストセンターに搬入し、機械で処理するために必要なエネルギー使用の削減とCO_2の排出が抑制されます。さらには、ごみ処理の観点からは「燃えるごみを収集運搬・焼却処理」という通

常のごみ収集に加えて、「生ごみを分別回収・コンポストセンターでの処理」という、行政的には二重投資が不要になります。

次に海外ではどのようになるのか考えてみます。

日本ではごみを燃やして衛生的に処理をすることは当たり前ですが、海外では、日本のようにごみを焼却処理することは少なく、むしろ珍しいことです。開発途上国に目を向けると、ごみはオープンダンプされているケースが非常に多く見られます。オープンダンプとは、ごみ処分場に運んできたごみをそのまま投棄すること。オープンダンプを続けると、やがてはごみが山のように積みあがるだけでなく、生ごみが腐敗して強烈な悪臭を放ち、大量のメタンガスを発生させます。皆さんは既にご存知のように、メタンガスはCO_2と比較して28倍（IPCC第5次報告書）の温室効果があるガスです。経済発展にともなってごみ排出量は増大し、ごみ処分場の残余量が逼迫すると同時に、新規ごみ処分場の建設は困難になっていきます。また、行政によるごみの収集運搬と埋立処分場によるごみ管理体制が未熟であるために、街中にごみが滞留したり、住民の空き地や川への不法投棄が常態化します。「行政が悪い」「○○がなっとらん」と言っても、ごみ問題は解決しません。自分で出したごみは自分で責任もって処理をするという、ある意味当たり前のことが、生ごみコンポストなら実現できるのです。

日本でもそうですが、資源ごみのリサイクルは進みますが、生ごみだけはリサイクルが遅々として進んでいません。特に海外では、規模の大小は問わず生ごみコンポストへの取り組みが望まれます。行政・事業者・コミュニティ・市民が協働して生ごみコンポストを含むごみ管理改善に取り組んだ結果、緑溢れる清潔な都市へと変貌を遂げたインドネシア国スラバヤ市の事例もあります。スラバヤ市の2005年のごみ発生量は1,819tでしたが、市全体がごみ管理に取り組んだことで、2011年には1,150tにまでに減量（2005年比36%削減）することができました。そして、緑豊かなコミュニティが日を追うごとに増えていきました。本書では、スラバヤ市の変貌を通じて

ごみで溢れるスラバヤ市（2001年）　　　　　緑で溢れるスラバヤ市（2007年）

生ごみコンポストの有効性、そして高倉式コンポストの普及と発展の過程を
紹介していきます。

第3節　出発点は青年海外協力隊員

JICAでの採用が起爆剤に

　私の海外における生ごみコンポストのスタート（海外技術協力デビューで
もあります）は、2002年でした。当時私が勤めていたJ-POWERグループ
株式会社ジェイペック（J-POWER/JPec）に対し、北九州市から、インド
ネシア国スラバヤ市でのJBIC（国際協力銀行）事業案件化調査の一環と
して、コンポスト専門家派遣の協力要請がなされたのです。その後、北九
州市はJBIC事業の調査結果を活かして、環境省所管の独立行政法人
環境再生保全機構により運用される地球環境基金の助成事業として、
「スラバヤ市廃棄物管理改善事業」を提案し採択されました。ここでも同
様に、北九州市はJ-POWER/JPecに対して協力要請を行い、2004年か
ら私の本格的なスラバヤ市でのコンポスト活動が始まりました。このとき、
JICA短期専門家派遣のスキームを利用することができ、現地に20日間滞
在した結果、カウンターパートとのコミュニケーションがしっかり保たれ、試行
錯誤を繰り返しながらもコンポスト技術の完成度が高まり、「高倉式コンポス
ト」の確立へと進化させることができました。

高倉式コンポストを活用した廃棄物管理事業は、当初、「北九州（KitaQ）方式コンポスト事業」と呼ばれ、北九州市、公益財団法人北九州国際技術協力協会（KITA）、公益財団法人地球環境戦略研究機関（IGES）、J-POWER/JPecとともに、北九州市とIGES（北九州アーバンセンター）の様々なネットワークを活用して展開していきました。この北九州市の国際協力活動と連携して、国際協力機構九州センター（JICA九州）は、2004年度から高倉式コンポストを廃棄物管理分野の研修コースに採用。2004年度から2010年度までの7年間で25コースを実施しました。また、高倉式コンポストは、JICA九州が北九州市、KITA、IGESと共同で実施する草の根技術協力事業（インドネシア、マレーシア等）にも導入。2009年にはマレーシアへ派遣された青年海外協力隊（サバ州、ミリ市、カンパール市派遣）による現地指導もなされ、現地活動での有効性が確認されました。その後も、2010年度からは青年海外協力隊員（環境教育）の派遣前技術研修の科目（生ごみコンポスト技術）として正式に採用され、13カ国に赴任する14名の青年海外協力隊員が受講しました。翌年の2011年5月には、JICA九州主催によるテレビ会議システムを使用したJICA事業関係者対象の勉強会が開催され、ネパール、ドミニカ共和国等9カ国から120名近くの参加者がありました。同時にビデオやQ&A集が作成されるなど、教材も充実していきました。このように高倉式コンポストは、JICA事業を通じて急速に世界に浸透していくこととなります。

　当時のJICA九州のキーパーソンは、富安課長とその後任の田村課長です。富安課長は高倉式コンポストを開発途上国への適正技術として高く評価し、その有効性を認識されただけでなく、廃棄物管理分野の研修コースへの組み込みや青年海外協力隊員への情報提供など、JICAとして活用するための道筋をつくりました。また田村課長は、それを引き継ぎ発展させるだけでなく、自身も高倉式コンポストの理解を深めるために、北九州市の生ごみ減量化・資源化に係わる行政施策として実施する「生ごみコンポ

ストアドバイザー養成講座」を受講（当時は受講期間1年間）し、北九州市長から修了証書を受けています。

　高倉式コンポストを開発した当初、私は、まさかこんなに深く、また長きにわたってJICAと関係を持つとは思っていませんでした。このお2人と巡り合わずにいたならば、高倉式コンポストの今日は間違いなくなかったと思われます。

海外協力には全く無関心だった

　私にとって青年海外協力隊員（環境教育）とは何だったのか──。今まであまり深く考えたことがなかったのですが、プロジェクト・ヒストリーを執筆するこの機会を借りて改めて自問自答しました。そして導き出した答えが、「青年海外協力隊員（環境教育）との係わりが高倉式コンポストの技術を高めることになり、世界におけるコンポスト技術として確固たる位置づけを築くことができた」というものです。

　前述しましたが、私の国際協力デビューは、2002年12月、年齢は43才の時でした。北九州市が実施するJBIC事業、「マルチステークホルダーによる地域環境管理能力向上プログラム〜総合的キャパシティ・ビルディングを目指して〜　平成14年度提案型案件形成調査」が最初です。それまでは国内志向で、仕事も含めて海外活動にはほとんど興味が持てずにいました。技術協力や青年海外協力隊などを通じた国際協力の仕組みについて全く知ることもなく、ただ北九州市の職員と一緒にインドネシア国スラバヤ市のホテルに宿泊し、コミュニティに連れて行かれ、住民に対する廃棄物管理改善の啓発をお手伝いした程度でした。確かに、スラバヤ市の脆弱な廃棄物管理体制や逼迫する埋め立て処分状況を見聞きした時は衝撃的でしたが、これがキッカケとなって国際協力が一生のライフワークになるとは夢にも思いませんでした。そして、2003年9月にスラバヤ市職員の本邦受け入れ研修があり、その中のコンポスト技術に係わる研修を担当することに

なったことが、コンポスト技術を深める転機となりました。

この研修は、私の本格的な国際協力のスタートとなった公益財団法人北九州国際技術協力協会（KITA）が実施する地球環境基金助成事業「インドネシア国スラバヤ市における分別収集・堆肥化による廃棄物減量化・リサイクル促進事業」につながっています。2004年度からの3年間事業（単年度契約）でしたが、それまで私とJICAとの関わりは、2004年にJICA短期専門家として1カ月程度活動しただけでした。実をいうと高倉式コンポストの技術を確立した当初、私は、JICA青年海外協力隊を全く知らなかったのです。

もしも、JICA九州との関わりがなかったら、高倉式コンポストはインドネシアで成功したコンポスト技術程度で終わっていたかもしれません。冒頭に述べたように、高倉式コンポストの技術を高め、コンポスト技術として確立することができたのは、JICA九州が実施する海外向けの廃棄物管理分野の研修に高倉式コンポストが導入されたからであり、特に青年海外協力隊員（環境教育）（以下、協力隊員とします）の「派遣前技術補完研修」に組み込まれ、様々な国・地域で高倉式コンポストが使用されたからです。この使用は単なる使用ではなく、私の感覚では真剣勝負による他流試合が頻繁に実施されたに等しいものでした。これらの試合に負けるわけにはいきません。高倉式コンポストを使用する実践の場が多数提供されたことで、スラバヤ市で構築した内容だけでは不十分であり、他流試合で勝つためには生半可な技術では通用しないことが骨身にしみました。

思いもよらぬ質問メールが世界から届く

その1つの例が協力隊員からの質問攻撃です。技術補完研修を終えた隊員から最初に連絡が届いたのは、駒ケ根や二本松青年海外協力隊訓練所からでした。この訓練所は隊員候補者が寝食を共にし、約2カ月間、JICA青年海外協力隊として安全に、有意義に生活や活動ができるよう、

協力隊員として必要な姿勢や態度、言語や異文化理解など必要最低限の知識や能力・適性を養う場となっています。その2カ月間の時間を利用して、研修で学んだコンポスト技術の実践の場（練習の場）として、「まず、訓練所でコンポストを試してみてください」と伝え、これを推奨していました。多くの協力隊候補者がコンポストに対して興味を持っていたので、訓練所ではコンポストに取り組んでいました。やはり、いくら実技を交えた講義を受講したといっても、実際にコンポストを作ってみると様々な質問や疑問が生じます。場合によっては講義で習った以外の事象が生じることもあります。ある部分は協力隊員の仲間内で解決されていたようですが、それが正解かどうかの確認や解決できない疑問などがメールとして届きました。

　協力隊員からの質問はウエルカム。変に勘違いした答えで納得してしまうよりも、どしどし質問をして正しい知識を取得して欲しいと願っていました。質問内容は、「臭いを抑える方法」や「温度が上がらないのですが・・・」など、普段私たちが国内で聞いていた質問であり、難解なものではありませんでした。まだまだ想定内の範囲です。しかし、その後、協力隊員たちが任地へ派遣されしばらくすると、世界中から今まで聞いたことのない内容の質問メールが寄せられるようになりました。他流試合の始まりです。例えば、「容器になるものがない」「発酵床として使用する基材のもみ殻、米ぬかが手に入らない」「発酵食品が集められない」「高地なので気温が低い、空気が薄い」「アリが集団でコンポストに入ってくる」「古紙を基材として使えないか」「砂漠の砂を基材として使えないか」などです。

　思いもよらぬ質問が多数寄せられ、質問の数は協力隊員を任地に送り出す度に徐々に増えていきました。月に数回が週数回になり、その回答に追われるようになり、会社の通常業務に支障が出るほどになってきました。会社では、縁あってネパール協力隊員OGの八百屋さやかさんが私の部下となり、コンポスト活動をJICA協力隊員のセンスを入れながら推し進めていましたが、細かく質問に対応するには限界に近づいていたのです。受け取

る質問内容を整理していくと、国・地域は異なるものの類似質問が多数出ていることに気づきました。そこで、JICA九州と相談し、コンポスト研修のフォローアップの一環として「高倉式コンポストQ&A集」を作成し、JICA九州のホームページで公開することにしました。

　コンポストであれ何であれ、技術的に行き詰った場合、その解決を導く一番の近道は原点に帰ること、すなわち技術の基本理論に帰ることです。協力隊員からの思わぬ質問に対しては、コンポストの基礎理論を紐解き、その解を求めることを繰り返したことで、高倉式コンポストに技術的な深みが生じてくることになったと考えています。（今からすると言葉足らずの回答もあり、Q&A集を読み返す度に冷や汗が出ます）

研修テキストを日々アップデート

　このコンポストに係わる技術的な深みに合わせ、海外向けの廃棄物管理分野の研修時に使用する講義テキストのアップデートを行ってきました。もともと高倉式コンポストのマニュアルは、インドネシアの状況に合わせて作られていました。そのため、日本を含め東南アジア地域で米を栽培している地域では、おおよそマニュアル通りに実施することができます。しかしながら、アフリカ、中南米、大洋州、中東などの米を栽培していない地域では、マニュアルの内容が適切でないことが分かってきました。例を挙げると、コンポストの発酵床として使用する基材は「もみ殻・米ぬか」です。これは米を栽培しているからこそ現地で入手できます。それ以外の国々では入手できないか、入手できたとしても高価であることが分かってきたのです。コンポストの資機材などの代替品を検討する必要が出てきました。

　このようなことから、研修テキストをアップデートし、コンポストを作成する資機材を限定するのではなく、資機材として使用することができる条件（どのような条件があれば使えるのか）を示し、それを理解する内容としました。現地の状況に合わせて最適な資機材を選ぶことができるようになりました。

いわゆる技術の適正化です。先ほどの「もみ殻・米ぬか」で言えば、もみ殻は微生物が増殖するための棲み処の役割であり、通気性や作業性が良く、分解しづらいもの（代替品例：麦がら・麦わら・トウモロコシの茎葉、トウモロコシの芯を砕いたもの、落ち葉、雑草など）です。米ぬかは微生物が増殖するための栄養源が役割であり、粉状になっているもの（代替品例：小麦粉、米粉、とうもろこし粉、キャッサバ粉、鳥のエサなど）を紹介するようになりました。

　ほかにも、コンポストのつくり方だけでなく、コンポストの施肥の方法や施肥の効果などの情報が求められるようになり、私たちもこれに応えるべく実験をしたり、専門図書や文献などをもとに研修資料を順次アップデートしました。私がスラバヤ市で高倉式コンポストを開発した当初のことですが、生ごみの減量化・資源化の啓発普及を精力的にインドネシア国内で実施していました。そのとき、必ずといってよいほど、コンポストの使用方法とその効果についての質問が出ました。当時、私の役割は生ごみコンポストの技術を伝えることだと考えていたので、その質問に対する答えは特に用意しておらず、「農業の専門書を見てください」と答えていました。でも今は違います。コンポストの使用方法とその効果について、特に土壌改良効果についてはテキストに分かりやすく丁寧に述べるようにしました。

　協力隊員から発せられる質問をベースとして、高倉式コンポストに係わる講義テキストをアップデートし整備していくことになったのです。ある中東地域の国から参加した農学系の博士号を持つ研修員が、私のコンポストに係わる講義を受けるに当たり述べた言葉が忘れられません。彼曰く「私は高倉式コンポストの講義を聴くことを非常に楽しみにしていました」。そして、私が講義で述べる内容を聞き漏らすまいと懸命にメモしていました。私にとってはとてもうれしい光景であり、私が講義内容に自信を深めるきっかけとなりました。

　初めてスラバヤ市に訪れ、住民対象にコンポストセミナーで講師を務めた時のことです。インドネシアの方々を対象にした講演は初めてのことだったので、参加者がどの程度話に入り込んでいるのかよく分かりません。私と参加者の距離感というか話す雰囲気の塩梅（あんばい）がよく分かりません。そのため、汗を拭きふき、緊張感いっぱいで1回目の講義を終えました。その後、ブレイクアウトが入り、飲み物やお菓子をつまみながらの小休止です。

　「あ〜ッ、コーヒーが飲みたい」と思いながら、会議室に面した庭に出て、コーヒーを給仕する人に「ブラックコーヒーをください」と言ってカップを受け取り、「フーっ」と思いながらコーヒーをごくりと飲んだとたん、思わず「プッと」吹き出してしまいました。ブラックコーヒーのつもりで飲んだのが、激甘の砂糖入りだったからです。紅茶にしても然り（しか）で、甘い紅茶しかありません。スラバヤの皆さん（多分インドネシアの皆さん）は甘い飲み物が大好きだったのです。

　ところ変わって、2004年10月、スラバヤ市美化公園局スタッフ1名、NGOプスダコタスタッフ1名の計2名の訪日研修のことです。彼らは常夏の国から来ており、日本の10月は寒いだろうから体調を崩してはいけない。特に風邪を引きやすくなるので風邪予防として、カテキンたっぷりの渋いお茶でノドを潤すと良いと思い、午前・午後の2回、ペットボトルのお茶を出していました。そして、3日目にお茶を出したところ、ミネラルウォーターにして欲しいとリクエストされました。私は「お茶は風邪予防に良いのに」と思いながらもミネラルウォーターに取り替えました。そうです。彼らは緑茶であってもコーヒー・紅茶と同様に砂糖を入れて甘くしないと美味しくないのです。インドネシアの方は「飲み物は激甘がお好き」をすっかり忘れていたのです。

　それどころか後日談になるのですが、苦い飲み物を出すことは「早

く帰って」のサインだったのです。そうとは知らず、2日間の計4回も飛び切り苦いお茶を出していたのです。彼らは我慢しつつも気を使って飲んでいましたが、さすがに3日目には根をあげてしまったということです。

　「早く言ってくれればよかったのに」「そんなこと言えないよ」

第 **1** 章

いざ、スラバヤ（インドネシア）へ

第1節　生ごみコンポストとの出会い

環境分析のできる会社に転職

「高倉式コンポスト」は、今でこそ様々な国で認知され活用されている技術ですが、まさか自分がこの分野のパイオニアの一人になるとは思いもよりませんでした。私は大学時代、農業や微生物はもちろん、コンポストの研究に携わっていたわけではありません。思い起こせば、1977年（昭和52年）の大学進学に当たっては公害防止（今でいう環境汚染対策・保全）を学びたいと思い、大学と学科を選定しました。大学に入ると一応、真面目に勉学に励み、卒論のテーマは「炭酸バリウム共沈法を用いる環境水中のストロンチウムの蛍光X線分析」であったと今も覚えています。

大学卒業後に電子部品メーカーに就職しました。しかし、高校時代に目指し大学で学んだ公害防止とは異なる仕事に就いてしまったため、1988年に一発奮起。本来就きたかった環境分析の仕事ができる会社に転職し、神奈川県横浜市での勤務がスタートしました。大学で化学を学び知識は持っていましたが、環境分析となると全くの素人です。年下の先輩に手取り足取り分析の指導を受けながら、がむしゃらに働きました。明けても暮れても工場排水のCOD分析、水銀、鉛、カドミウムなどの重金属類の原子吸光分析、ガスクロマトグラフ分析の日々を過ごしました。夜寝る前には、「明日はああして、こうして・・・」と思い描きながら眠りについたものです。当然のことながら、業務に必要な資格として「環境計量士」や「技術士環境部門」も取得しました。毎日が充実し、本当に楽しく業務に携わることができた日々でした。

しかし、8年も経過する頃には大きな転機が訪れました。「環境分析は化学薬品と分析機器との対話でしかない」と思うようになったのです。確かに、環境分析により得られた数値を提供することで、客先はそれを活用して環境汚染対策・保全に取り組むことになり、結果的に私もそれに深く係わることになります。しかし、それは間接的な係わりであり、人々とディスカッショ

ンしながら、また、行動しながら活動するという直接的な係わりではありませんでした。ここでまた、「このままではいけない。次のステージに進みたい」との想いが芽生え、沸々と膨らみ、福岡県北九州市への転勤を願い出ました。

　1996年、私は新天地の北九州市で職を得ました。ここでの業務は、環境分析のほかに石炭分析も加わり、それに部下への指導なども含めたマネジメントが課せられ、しばらくは与えられた業務に取り組むことに力を注ぎました。ただ、転勤の目的は様々な人々と関わりながら環境活動を実践すること。新しい職場に慣れてきた1998年、私は仕事が終わった後、行政が主催する勉強会「若松区環境問題対策研究会」に参加しました。何を隠そう、この勉強会への参加が生ごみコンポストへの第一歩となったのです。

有機無農薬栽培への関心の高まり

　1999年10月、北九州市内の有志が参加する「日本クリーナ・プロダクション研究会」への参加の打診を受けました。そこでは、クリーナ・プロダクションによる環境負荷低減をテーマに、4部会に分かれた研究が行われており、その1つに食と農を考える部会がありました。いわゆる "有機無農薬栽培" に関する部会です。その時々の体調によりますが、私は化学物質に敏感に反応することがあり、気分が悪くなったり皮膚が痒くなったりします。もしかすると、環境分析に使用する有機溶剤に対し、体内のコップ（許容範囲）をオーバーしてしまったのかもしれません。そんなこともあって、私はその部会に積極的に参加し、「都市と農村をつなぐ循環型社会実現のための提言」の取りまとめにも参画することができました。

　地域の環境勉強会・研究会へ参加したことで個人的なネットワークが広がり、有機無農薬栽培に係る情報と知識が少しずつ蓄積されていきました。そうなると次は実践です。当時勤務していた会社では、運よく私が希望する新規事業開拓へ配置転換されていたので、私は迷わず「生ごみの

コンポスト化事業」を提案しました。なぜなら、有機栽培の基本は土づくり。そのためには良質なコンポストが必要不可欠となるからです。また当時、他の資源ごみと比較して生ごみはリサイクル化が著しく遅れていたこともあります。いや、一番に、地域の方々を巻き込みながら環境活動を実践したいという、私の強い想いがあったと思います。この新規事業提案に対し、社としては全くの異分野への事業展開であったため、すぐには決裁を得ることはできませんでした。でも、今までの私の地域活動も評価され、2001年4月に事業展開を睨んだ試験研究として生ごみコンポストのスタートを切ることができました。そうこうしているうちに、若松区環境問題対策研究会においても有機無農薬栽培の実践的な学びと活動が必要という機運が高まってきました。同勉強会は発展的解消され、2001年5月、有志で任意団体の「若松循環型農業システム研究会」を設立し、私は事務局として運営全般を担うことになりました。

生ごみコンポストの試験研究を新規事業に

　事務局の運営は安請け合いに近かったのですが、その後が結構大変でした。月1回のペースで定例会を開催し、会員の皆さんに話題を提供しなければなりません。それまで有機無農薬栽培について、"聞く・見る・味わう"程度でしかなかったものから、その時々の情報収集と定例会時の質問への回答等、しっかり準備し理解しておかねばなりません。ほかにも現地見学会、聞き取り調査、そして有機無農薬野菜を使用した食事体験会などを企画立案し、実施しなければなりませんでした。研究会の運営に約3年間一生懸命携わりました。新しいことばかりで大変でしたが、今から考えてみればこの経験が大変役に立ちました。生ごみコンポストに取り組むためのレールは、知らず知らずのうちに敷かれていたのです。有機栽培の基本は土づくりであり、コンポストの使用です。この間、有機栽培農家、大学の先生、農業総合試験所の研究者、リサイクル研究センターの研究者、コンポ

試験開始当時の生ごみコンポスト

スト装置メーカーのエンジニア等、様々な視点からコンポストに対するアプローチが行われ、技術や知識に触れることができました。高倉式コンポストでは発酵菌にヨーグルトなどの発酵食品を使用しますが、この考え方は研究会メンバーの有機栽培農家の実践的なアイデアを応用したものです。

　ここで、研究会で提供した話題を例として数点示します。

・農家から見た生ごみ堆肥の使用について（北九州市小倉南区農業
　委員会聞き取り調査）
・キューバの有機農業について（3回シリーズ）
・生ごみコンポスト試験の進捗状況報告
・生ごみ堆肥化に係る最新動向（神奈川県農総研の研究成果から）

　こうして私の仕事は、化学分析（環境分析と石炭分析）、部下への化学分析の指導とマネジメントから、新規事業展開を睨んだ生ごみコンポストの試験研究業務へ、まさに自分の希望に沿う形で移り変わっていきました。

トライする・蛆《うじ》がわく・悪臭の繰り返し

　試験研究スタート時の私の生ごみコンポスト技術は、知識・知見だけの耳学問です。実践しないことには意味がありません。会社の食堂から出てくる生ごみ20kg程度をバケツに入れ、試験ヤードに運び、コンポストの試験を始めました。耳学問をフル活用して、「たかだか20kgの生ごみ。これでど

うだ」の意気込みでトライしました。ところが時間が経つに従い、「うーん?? 」です。全く上手くいきません。腐ってしまい悪臭が出る、ハエが飛び回るで、大変なことになってしまいました。コンポスト関連の本に書いてある手順に従って作業しているのですが、全く上手くいきません。しかも、どこが悪いのかも分かりません。「やはり、生ごみを分解する菌の性能が悪いのかな」と、市販の有名なU菌を購入してみました。硫酸第一鉄の溶液で処理すると有機物の細胞壁が簡単に破壊されるとの記述を見つけ、その通りに実施してみたり、試行錯誤の連続でした。試行錯誤と書くとポジティブなイメージですが、実のところは造語で表現しますが"試行失敗"の連続です。トライする・蛆がわく・悪臭、トライする・蛆がわく・悪臭の繰り返しになってしまい、完全に意気消沈です。最後にはあきらめの気持ちで、試験の片付けもせずそのままにしていました。すると年配のスタッフが、「髙倉さん、蛆殺しでやっつけておきましたから」と蛆の処置をしてくれていました。私の意気消沈している姿を見かねてフォローしてくれていたのです。スタッフには大変な迷惑をかけてしまいました。自信満々で生ごみコンポストの試験をスタートしたのですが、失敗の連続でした。しかし、この失敗を通じてコンポストの仕組みを身をもって理解し、肌で体験することができました。そのうち、毎日20kg程度の生ごみなら処理できるようになりました。

　次は規模の拡大です。社員食堂の生ごみだけでは量が足りません。どうしようかと思案していたところに、運よく大量の生ごみをコンポストにして欲しいとの依頼が突然舞い込んできました。それは、2001年7月から11月の間に開催された北九州博覧祭から排出される生ごみでした。この博覧祭はゼロエミッションを目指した地方博覧祭でもあり、生ごみを全量コンポストにして農業利用することを謳っていました。しかし、業務委託を受けた事業者のコンポストの仕組みにトラブルが生じ、生ごみを乾燥して保管しておく状態がしばらく続いてしまったのです。その乾燥生ごみをコンポストにして欲しいとの依頼でした。当社に依頼された経緯は、北九州市の職員の方が若

生ごみコンポストの試験（堆積発酵）

松循環型農業システム研究会の定例会に数回参加したことがあり、当社の生ごみコンポストの取り組みについての情報をもとに紹介を受けたとのことでした。まさに願ったり叶（かな）ったりで、二つ返事で快諾しました。というのは、生ごみコンポストの規模を拡大したいのにその当てがなく、また、生ごみを大量に入手できたとしても、腐りが速いので一歩間違えば大きなトラブルを抱え込んでしまうリスクがあったからです。乾燥状態であれば大量に引き受けてもトラブルなく保管することができ、こちらのペースで生ごみをコンポストにすることができます。まさに一石二鳥の依頼でした。2001年8月〜10月の間に約4tの乾燥生ごみ（生ごみ換算16t）を受け入れ、研究会の有機栽培農家のお墨付きが付く品質のコンポストに仕上げ、その農家が全量使用しました。

一般家庭の生ごみをコンポストする

そして、次のステージへ進むことになります。それは、継続してある程度の量の生ごみを受け入れコンポストにすること。これについては、若松循環型農業システム研究会を通じて、定例会に参加された方々にお願いしました。最終的には2001年11月から会社の食堂に加え、区役所食堂、授産施設、小学校の計4カ所の協力を得ることができました。1回当たり2カ所を週2回の割合で、自らトラックに乗って生ごみを試験ヤードまで収集運搬しま

生ごみ発生源での保管

した。毎週約320kgの生ごみを受け入れコンポストにします。この時、当然のことながら、一般廃棄物の収集運搬及び処理の許可については、行政から小規模で限定的な試験研究としての認可を受けました。

　できたコンポストは自社の試験農園で使用したり、若松循環型農業システム研究会を通じて有機栽培農家の方々に使用をお願いしたりして、生ごみコンポストの施肥効果について確認しました。農家からは十分に使用できるコンポストであるとの評価が得られ、生ごみコンポストの取り組みについて自信を深めたところです。

　この試験研究の状況は、機会を見て若松循環型農業システム研究会の定例会で報告することになります。

　生ごみコンポストへの取り組みは1999年10月の日本クリーナ・プロダクション研究会への参加に始まり、継続して生ごみコンポストをつくり、完成した生ごみコンポストを有機栽培農家が安心して使用することができたのが2002年3月なので、良質な（農家が使用できる）コンポストができるまでに2年5カ月の時間を要したことになります。でも、これで終わりではありません。まだ「不完全」です。なぜなら、生ごみの分別を特定の施設にお願いし、収集運搬を自社だけで行っていたからです。繰り返しになりますが、私が目指すのは、地域の方々を巻き込みながら環境活動を実践すること。生ごみは一般家庭から毎日出てきます。一般家庭で生ごみを分別しコンポストにす

自社圃場ぶどうへの施肥

ぶどうの収穫

自社圃場かぼちゃへの施肥

かぼちゃの生育

有機栽培農家の圃場へ施肥

る。そして、可能ならばできたコンポストは自家消費する循環の仕組みをつくることができれば「完全」といえるでしょう。

　何とかならないかと漠然と思案していたところに、北九州市環境局から朗報が舞い込みました。それは、「コミュニティの住民を対象とする生ごみ

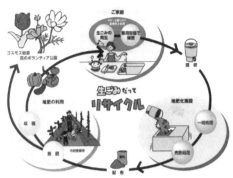

生ごみコンポストモデル事業

コンポストは地域の花づくりに利用

コンポストモデル事業を、市の施策として一緒に実施しないか」というものでした。北九州博覧祭での生ごみのコンポストの実績も含め、地道に生ごみコンポストに取り組んできたことが評価された結果だと思います。ここでも手を差し伸べていただきました。

　生ごみコンポストモデル事業にはコミュニティ180世帯が参加しました。住民は生ごみを分別し、発酵菌とともに容器に入れ保管します。その容器を地域のNPOが週に2回に分けて収集して社に搬入し、コンポストにするものです。月に約2tの生ごみを処理するには手作業では限界があり、生ごみ処理機を使用して1次発酵し、その後手作業で熟成します。コンポストは平均すると毎月360kg（コンポスト化率18%）程度できあがり、全量コミュニティに返し、地域の花を中心とする植栽に利用しました。これでやっと、完全な生ごみコンポストのリサイクルシステムが完成したことになります。生ごみコンポストモデル事業は2003年5月から2007年3月までの期間実施されました。

循環型地域社会の実現を目指す

　社の試験研究による生ごみコンポスト技術の確立、若松循環型農業シ

ステム研究会によるコンポスト及び有機栽培に係わる情報と知見の集積、北九州市生ごみコンポストモデル事業による生ごみ資源循環の全体システム構築を経て、2003年12月、これらを統合し事業化に向けた「食品リサイクルシステム構築協議会」の設立準備に入りました。協議会のメンバーとしては、食品関連事業者、再資源化（堆肥）事業者、農業関係者（JAなど）、研究機関、行政機関を想定。設立の趣意は次のようなものでした。

　「"自分たちの住む地域で作られたものを地域で消費し、地域で発生する食品廃棄物を地域で循環的に活用しよう"をキーワードに、生産者、販売者、消費者、事業者、行政の相互理解と協同を深める。豊かな自然の恵みを受け生産された安全で安心な野菜など、特産品の安定供給と消費拡大を図ると同時に、北九州市内で発生した食品廃棄物を有機資源として活用するために堆肥化し、できた堆肥で有機野菜などを栽培し市内で消費するという、循環型の地域社会の実現を目指すことを目的に本協議会を設立するものである」

　以下、大まかなスケジュールです。
・2004年1月、バイオマス利活用フロンティア推進事業計画書提出・協議会設立趣意書をもとに協議会参加募集
・4月、協議会設立
・6月、技術開発助成申請
・7月、堆肥化実証試験・堆肥成分試験・栽培試験・契約栽培手法検討・土壌試験
・2005年4月、堆肥化事業スタート・有機作物のブランド化・契約栽培
　しかし、社会的な意義は高かったものの採算性の確保が困難で、これを理由に協議会の設立は見合わせることになりました。

　では、社の新規事業としての「生ごみのコンポスト化事業」はどのようになったのでしょうか。2004年4月の時点で、「生ごみのコンポスト化事業の採算をとることは困難である」と評価されました。また、若松循環型農業シ

ステム研究会は、活動の中心を担っていた社の判断にともない、2004年5月に解散となりました。私としては非常に残念な結果であり落胆もしましたが、北九州市の生ごみコンポストモデル事業は継続していたので、次の機会を模索することを考え、新たな展開として、コンポストの簡易評価手法及び農用地土壌の評価手法を開発する研究へと軸足を移しました。生ごみコンポストの試験研究の成果を社の新規事業として活かすことができず、さすがに意気消沈していました。

　そのときです。公益財団法人北九州国際技術協力協会（KITA）の石田さんから連絡を受けました。それは、「1年間のプロジェクトとして、北九州市の環境姉妹都市であるインドネシア国スラバヤ市の廃棄物減量化・資源化を支援するために、生ごみコンポストを考えている。そのためにコミュニティと連携した生ごみコンポストのノウハウを有する貴社に協力願いたい」という要請でした。

　ここでも手を差し伸べていただきました。当時の私は、生ごみコンポストの事業ノウハウを得ることができたにもかかわらず、それを活かすことができないことを思い悩みひどく落胆していたので、天上から強い光が差してきたように感じたものです。もちろん二つ返事で「お願いします」と応えました。

　そしてこれが、私の生ごみコンポストを通じた本格的な国際協力のスタートとなりました。

第2節　インドネシア・スラバヤ市へ

　私の初めての海外の仕事は、大きく分けて3段階に分かれます。すべてインドネシア国スラバヤ市のコンポスト活動に係わる案件でした。

・2002年12月 スラバヤ市初訪問 JBIC事業「マルチステークホルダーによる地域環境管理能力向上プログラム〜総合的キャパシティ・ビルディングを目指して〜 平成14年度提案型案件形成調査」（北九州市環境局依頼 スポット業務現地滞在10日間）

・2003年9月 スラバヤ市開発計画局職員本邦受け入れ研修（北九州市環境局依頼研修実施10日間）
・2004年9月 スラバヤ市訪問 独立行政法人環境再生保全機構地球環境基金助成事業「インドネシア国スラバヤ市における分別収集・堆肥化による廃棄物減量化・リサイクル促進事業」（公益財団法人 北九州国際技術協力協会（KITA）依頼3年間事業）

高倉式コンポストを形づくるうえでそれぞれが密接に関係しているので、順を追って述べたいと思います。

1. JBIC事業に参加
北九州博覧祭の経験を買われ

2002年12月、北九州市環境局の依頼でJBIC事業「マルチステークホルダーによる地域環境管理能力向上プログラム～総合的キャパシティ・ビルディングを目指して～ 平成14年度提案型案件形成調査」に参加するため、インドネシア国スラバヤ市を訪問しました。現地滞在が7日間という短期間のスポット業務でしたが、私にとっては初めての海外渡航となりました。

スラバヤ市は、1997年に北九州市とともにアジア環境協力都市ネットワークに加わった環境国際協力都市です。スラバヤ市では、2001年、2つの処分場のうち、1つが残余年数を残すものの処分場のひどい悪臭の発生とごみ搬入トラックの交通公害などから、市民は道路にバリケード築いて道路を封鎖するなどの反対運動を起こし閉鎖を余儀なくされました。残りの1つは市街から離れており、極端に運搬効率が減少したため、都市はごみがあふれ、また処分場においても適正処理がなされないという深刻な課題に直面していました。このプログラムの目的は、現状の課題の解決を通じた廃棄物適正処理に向け、北九州市の持つ廃棄物管理改善ノウハウを駆使して改善策を取りまとめることにありました。

私の役割は大きく分けて次の2点でした。第一は、北九州市で実施して

いる生ごみのコンポスト化によるリサイクルの推進と、「分別・収集」～「コンポスト化」～「農業利用（有機栽培）」～「流通・販売」～「消費」の全体システムの構築についての紹介と、同様の取り組みがスラバヤ市においても必要であるとの理解を促すことです。第二は、スラバヤ市で取り組んでいるコンポスト技術の現地調査から、問題点・課題を抽出し解決策を提案すること。表向きはこの2点でしたが、実はもう1つ隠れたミッションがありました。それが住民啓発です。住民が帰宅する時間に合わせて、コミュニティでセミナーを開催し、北九州市の取り組みを紹介するのです。スラバヤ市は毎日大量のごみを埋め立て処分していますが、ご多分に漏れず埋め立て処分場は満杯であり、ごみの減量化は待ったなしでした。住民は、「生ごみリサイクルとしてのコンポストの有効性」を理解する必要がありました。

　では、どうしてこのような裏ミッションが課せられたのでしょうか。それは2001年7月から開催された北九州博覧祭に関係します。この博覧祭は、ゼロエミッションを目指した環境もテーマとしており、それに合わせて「環境ミュージアム」という環境学習館が設置されました。この館は、博覧祭開催時だけでなくその後も恒久的に市民に対する環境学習施設として活用・運営するため、北九州市環境局では博覧祭開催前の2000年に、環境教育の実践者・指導者（環境学習サポーター）を育成するプログラムを実施しました。それに私は応募し、環境教育に係わる系統だったプログラムのもと、環境教育の基本と実践についてじっくりと学び経験を積んだのです。この経験が買われました。

　このように、初の海外渡航における私の役割は裏ミッションも含めて3点あり、それらを実施できるのかという不安感で一杯でした。その反面、学んできたコンポストや環境教育などの知識を他国で活かしたいという意欲も満々で、複雑な心境にありました。

　結局、セミナーは住民を対象として計3回実施し、240名が参加。このほ

全体システムの構築についての説明

か行政職員を対象に1回、このときは50名が参加し、私のプレゼンテーションを興味深く聞いてくれました。

ちっぽけなでんでんむしも、大きな地球につながっている

特に注意を払ったのがコミュニティ住民対象のセミナーです。生ごみの減量化・資源化への取り組みは、住民が理解し「私たちもやるんだ」との意識を持たせ、活動へとつなげていくことが重要です。住民の方々、セミナー参加者が興味を持ち、話を聞いてみようという気持ちを持たない限りは上滑りになってしまいます。何を伝えたいのかという内容だけでなく、気持ちそのものも同時に伝える、すなわち身体全体で伝えなければなりません。私が伝えたかった一番のことは、"私たち一人ひとりの取り組みが地球全体に関係している"ということ。これをセミナーの最後の締めくくりとして、"ちっぽけなでんでんむしであっても、大きな地球につながっている"ことを、インドネシア語に翻訳した歌とダンスで表現しました。

セミナーの参加者は、一体何が始まるのかと興味津々で待っていましたが、私が突然大きな声で身振り手振りを交えて歌い出したのできょとんとしていました。日本語で歌っていると思ったのです。しかし、しばらくするとインドネシア語で歌っていると気づき、みんな笑顔に変わっていきました。一度だけでは私が"つながり"のことを伝えようとしている意図が分からないので、

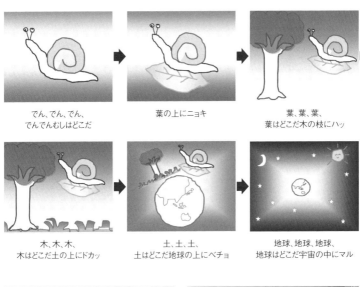

でん、でん、でん、
でんでんむしはどこだ

葉の上にニョキ

葉、葉、葉、
葉はどこだ木の枝にハッ

木、木、木、
木はどこだ土の上にドカッ

土、土、土、
土はどこだ地球の上にベチョ

地球、地球、地球、
地球はどこだ宇宙の中にマル

自分の想いを身体全体で表現

参加者へもその思いは伝わる

3回繰り返したところ、私の意図することが理解できたようです。多分、現地では型破りな方法であったかもしれませんが、私としては、どうしてもインパクト強く伝えたかったのです。

現地調査を4カ所で実施

コンポストに係る現地調査は4カ所で実施しました。

まず、スラバヤ工科大学近くの370世帯を対象に、スラバヤ工科大学が生ごみコンポストプロジェクトを実施。各家庭が生ごみとそれ以外のごみに分別をしてごみ箱に出し、ごみ収集人がコンポスターに入れ維持管理します。コンポスターは、2.0×1.7×1.1mHのコンクリート製の箱が5基連続してつながったものが2ユニットあり、生ごみを投入するだけで撹拌しないため、強い悪臭と多量のハエが発生するなど腐敗させながらコンポストにします。そのため、プロジェクト外の住民など様々な人がコンポスターを単なるごみ捨て場と勘違いしてしまい、ごみが投棄されやすいとの課題もありました。改善策としてコンポスターに生ごみ投入時微生物が豊富にいる土を被せるサンドイッチ法を採用し、悪臭とハエの発生を抑制します。また、5槽が1ユニットとなっているので、生ごみの投入は1槽が満杯になると次の槽に入れることを繰り返し、堆積発酵の熟成期間を設けることで汚物感無く良質なコンポスト製造が可能となります。

　次に、スラバヤ大学近くの150世帯を対象に、スラバヤ大学が実施。樽型プラスチック製コンポスター（容量約100ℓ）をそれぞれ2個ずつ配布し、各家庭が生ごみを分別して容器に入れ維持管理します。容器には臭突と空気取り入れ用の管が付いています。生ごみを投入するだけで撹拌しないため、腐敗させながらコンポストにします。空気取り入れ用の管から空気が

コンクリート製コンポスター

コンポスターの内部

供給されると思いがちですが、コンポストの温度が高くならないと上昇気流は生じないため、管からの空気の取り込みは限定的です。そのため腐敗してしまいます。改善策として、図の様に微生物が豊富にいる土と生ごみとのサンドイッチ法を採用しました。

　そして、1997年に建設されたスラバヤ市営コンポストセンターでは、4名の従業員が作業していました。当初は家庭の生ごみを対象にしていましたが、悪臭と害虫に悩まされ、途中から主原料は、わら、落ち葉・剪定葉、食品工場の果物の皮などに変更されました。底辺が約2.5m、高さ約1mの

家庭用プラスチック製コンポスター

コンポスターの内部

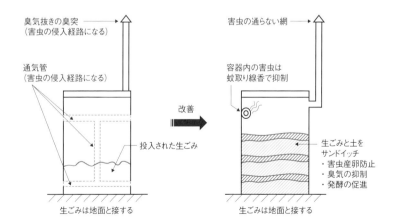

臭気抜きの臭突 ───
（害虫の侵入経路になる）

通気管
（害虫の侵入経路になる）

投入された生ごみ

生ごみは地面と接する

改善

害虫の通らない網 ───

容器内の害虫は
蚊取り線香で抑制

生ごみと土を
サンドイッチ
・害虫産卵防止
・臭気の抑制
・発酵の促進

生ごみは地面と接する

コンポストの山を約20個つくり、それぞれの山の下部には、空気を取り込みやすいように木で吸気口をつくっています。生ごみをコンポスト原料にするのであれば、改善策として、休止中の回転式堆肥化装置を使用する必要があります。生ごみと製造したコンポストの一部をリターンコンポストとして装置に投入し、10分間程度混合撹拌してから堆積発酵します。

　最後に、350世帯の生ごみを対象とする、3m³コンクリート製発酵槽によるスケールアップ試験が、スラバヤ大学の学生が中心となって実施されていました。前処理として、発酵を促進するため破砕処理し、発酵槽に投入します。破砕した生ごみを堆積していると温度が上昇し、冷却するために水をかけていました。これが原因で水分過多になり、悪臭と大量のハエ・ウ

コンポストの通気用木製三角枠

休止中の回転式堆肥化装置

コンクリート製コンポスター
右上:ギャラリー　右下:内部の通気管

温度が上昇すると水をかける

ジ虫の発生がみられます。また、コンクリート製発酵槽はハエが侵入する場所があるなど、設計上に問題点があることが分かりました。改善策として、コンポストの基本理論をしっかりと学んでから試験に取り組むことが挙げられます。

　2002年12月に参加した海外業務は、「北九州市若松区内で実施してきた生ごみのコンポスト化によるリサイクルの推進と、全体システムを構築するための取り組みに間違いはなかった」との安堵感をもたらし、学んだこと経験してきたことなどのすべてのインプットを、自分なりにアウトプットすることができました。海外での初仕事となったスラバヤ市での体験は、私にとって、コンポストに関する自信を深めるまたとない機会となりました。

2. スラバヤ市職員の研修を日本で

　スラバヤ市での活動は、2002年12月のセミナー講師と調査で終わったわけではありません。引き続きコンポストへの造詣を深める機会が与えられました。北九州市が実施したJBIC事業の報告を受けたスラバヤ市は、職員を1名北九州市に派遣し、環境行政・廃棄物管理改善の研修を受講させることになったのです。その際、スラバヤ市の要請で、生ごみコンポストについても深く学ぶことになったのです。北九州市環境局の依頼を受け、2003年9月1日〜9月12日（土・日曜日を除く）の10日間にわたり研修を実施しました。

　2002年12月に参加したスラバヤ市での海外業務は、知識・知見のアウトプットでした。しかし、講義となるとこれでは不十分です。コンポストについて系統的にまとめなければなりません。コンポスト技術の基本理論をじっくりと学び、実技を実施するとともに、その応用として現場見学・調査も必要になるので、次のようなカリキュラムをつくりました。

（1）生ごみコンポスト技術の基本知識の取得

　　①北九州市で実施している生ごみのコンポスト化によるリサイクルの

推進と「分別・収集」〜「コンポスト化」〜「農業利用（有機栽培）」〜「流通・販売」〜「消費」の全体システムの構築

②土・コンポストの基本概念

③コンポストに係る基本的な考え方

(2) 生ごみコンポスト技術の取得（実習）

①コンポストの発酵試験

②コンポストの品質判定試験（発芽試験）

(3) 北九州市生ごみ堆肥化モデル事業

①取り組み状況調査

(4) コンポストに関係する微生物の取得方法

①自然界からの採取

②自社の試験研究で実績のある腐敗防止作用のある乳酸菌の採取

③ホームセンター等の販売店からの購入

④伝統的な発酵食品の応用

⑤有機栽培農家の水田・畑地土壌

(5) 堆肥化技術・仕組みについての事例調査

①福岡県農業総合試験場 畜産研究所（福岡県筑紫野市）

②長井市レインボープラン（山形県長井市）

(6) 北九州市若松区内有機栽培農家との意見交換

①北九州市若松区竹並地区2農家

(7) 北九州市若松区内小学校の給食残渣物のコンポスト化の取り組み

①北九州市立小学校1校

(8) 北九州市の市民農園の見学

①北九州市若松区「市民農園」

私は、このとき初めてコンポストに関するテキストを作成しました。2002年

にスラバヤ市で現地調査を行ったとき、コンポストの技術的なことは頭の中にありました。それをフル活用して現状の把握と問題点・課題を抽出し、それらの解決策を案としてアウトプットしました。しかし、今回は指導する立場ですからテキストを作成する必要があり、テキスト作成を通じて私のコンポスト技術に関する知識等を整理することができました。この研修を利用して、今まで成し得なかった先進事例調査と、福岡県の研究員から牛ふんコンポストに関する講義を聞くことができ、大変勉強になりました。説明するという行為が、得た知識・知見を知恵へと昇華することになり、スラバヤ市職員に対する研修を通じて、私自身のコンポストに係わる技術と説明するスキルの向上が図れたと考えられます。

3. 生ごみコンポストが本格活動

3つの課題と解決策を携えて渡航

　第1節でも述べましたが、北九州市での活動を通じて私は、「生ごみコンポストの技術的ノウハウ」、「行政・NPO・コミュニティ（市民）・事業者の協働についてのノウハウと経験」を得ることができたにもかかわらず、それらを活かすことができずに意気消沈していました。そこに、2004年9月、公益財団法人 北九州国際技術協力協会（KITA）から、スラバヤ市における分別収集・堆肥化による廃棄物減量化・リサイクル促進事業への技術協力依頼（1年間）が舞い込んできました。これが私の海外における、本格的な生ごみコンポストの国際協力のスタートとなりました。

　社（J-POWERグループ 株式会社ジェイペック（J-POWER/JPec））として、直接海外の都市に対し協力することはできないが、北九州市内の企業として地域の公的な要請に協力するという経営判断を踏まえ、社の業務として対応すると決裁されました。今でいう企業のCSR、SDGsの取り組みといえます。

　今でこそアジアや中南米へ1人で出かけ、現地調査や技術指導等をで

きるようになりましたが、当時は2002年12月のスラバヤ市訪問を含め、海外渡航経験は数回しかありませんでした。しかも、団体での渡航でしたから流れに任せてついていくだけ。しかし、今回の渡航は勝手が違い、準備の段階からあたふたとしていました。プロジェクトを一緒に実施するKITAの石田さんは同じ若松区在住でしたから、折尾駅で待ち合わせて福岡空港まで一緒です。石田さんは私に、空港カウンターでの搭乗手続き、出国審査、飛行機内、現地での入国審査、ホテルへの移動、現地活動、出国審査、飛行機内、日本の入国審査、折尾駅までの移動に至るまでフルサポートしてくださいました。今から考えると大変ご面倒をおかけしたと思います。

　さて、これからはスラバヤ市での本格的な現地活動について述べていきます。

　プロジェクト実施前に持っていた情報は限られていました。2002年12月の現地調査内容と、現地のカウンターパートであるスラバヤ市開発計画局・美化公園局、そして、現地のNGOであるプスダコタ（PUSDAKOTA）、それぞれのカウンターパートは日量数トン程度の生ごみコンポストセンターを運営しているが、悪臭・衛生害虫の発生によりコンポスト化には長期間必要なこと、できたコンポストが低品質などの課題が山積みであるということでした。それぞれのコンポストセンターの技術的な課題・問題点を再抽出し、その改善指導に当たることから始める必要がありました。

　まず渡航前に、現地のコンポストセンターをどのように改善すればよいかを考えました。スラバヤ市営のコンポストセンターの情報は既に持っていたので、プスダコタのコンポストセンターもほぼ同程度であろうと予想していました。

≪事前に検討した課題と改善策≫

課　題　1 ：コンポストセンター建設の目的は家庭の生ごみをコンポストにする
　　　　　　ことであったが、悪臭の発生等により近隣から苦情が寄せら

れ、現在は食品産業から排出するマンゴーの皮を主原料とし、それに剪定くずや道路清掃時の落ち葉を加えてコンポストにしている。マンゴーの皮はコンポストに適した酵素を多量に含んでおり、コンポストに効果があるとの考えである。堆積発酵の山から浸出水が出るのは当然であり、その浸出水は回収して発酵促進剤として散布することにしている。作業に対するコンポスト技術の基本的な理論の裏付けは少なく、経験則をもとに取り組んでいると考えられる。

解決策1：コンポスト技術に係る基本的な事項を習得する。

課 題 2：コンポストに要する期間を50日間に設定しているが、剪定くず等の樹木系の有機物を原料とするのであれば期間が短く、コンポストプロセスにおいて生成するフェノール性酸などの有害物質の分解が不十分になる恐れがある。

解決策2：電動粉砕機を導入することで剪定くず等は小さくなり、物理的に発酵を促進することでフェノール性酸も十分に分解される。また、コンポスト期間も短縮は可能と考えられる。

課 題 3：コンポストセンター建設時のスタッフは4名だったが、作業効率が悪くスタッフの人数が増えている。また、堆積発酵の山が小さいので温度上昇が比較的低く、コンポスト原料のセルロースの分解が遅くなる傾向にあるとともに、スペース的な効率も悪い。

解決策3：小型のホイルローダーを導入するなど、機械化を検討する。

　このような解決策3点を実施することで、プロジェクトの実施予定期間の1年があれば十分成果は得られるであろうと目論んでいました。

上から目線の改善提案を恥じる

2004年9月、プロジェクト実施のための予備調査としてスラバヤ市へ渡航し、カウンターパートのスラバヤ市開発計画局とNGOプスダコタと今後のプロジェクトの進め方を話し合ったうえで、現地調査を実施しました。特にプスダコタからはコンポストセンターの情報は全くなく、その問題点・課題をできるだけ多く抽出するようにとの依頼も受けていました。私の第1回渡航の重要なミッションは、この問題点・課題の抽出にあったのですが、ここで、プスダコタ代表のチャヒョーさんと大きな行き違いが生じてしまいました。最悪の場合、プロジェクトが中止に追い込まれるかもしれない恐れもありました。

現地調査に先立ち、まず、プスダコタの代表を含めスタッフ3人とで今後のコンポストの展開について打ち合わせの機会を持ちました。彼らもコンポストセンターには課題があるとの認識を持っていたのです。コミュニティの近隣住民から悪臭の苦情が寄せられており、悪臭問題を中心に対策を講じたいとの要望を持っていました。「悪臭が発生するのは明らかに、水分過多か酸素の供給量が少なく嫌気性の状態になっているためだ。技術的な解決策が必要だ。よし、出番だ！」と、私は奮い立ちました。スタッフの案内で事務所に隣接するコンポストセンターに行き、細かく聞き取りながらその実態を調査したところ、やはり技術的な突っ込みどころ満載で、一つひとつメモを取りながら、問題点・課題点を抽出していきました。10点程度は抽出したと思います。

その後、事務所でチャヒョー代表を訪ねそれを報告し、改善策を提案してみました。

「まず、コンポストの温度が70℃まで上がると散水して冷却しています。これは間違った方法です。水分過多になり、これが原因で悪臭が発生します」

「コンポストの温度70℃は温度が高すぎると考えているようですが、これは間違いです。適温と考えてください」

　「悪臭が発生し近隣から苦情がきているため、脱臭装置の導入や、悪臭が建物から漏れないように竹を編んだ壁からコンクリート壁への変更を考えているようですが、それは間違いです。そもそも悪臭の発生があるということは、コンポストの適正な管理ができていないということ。コンポスト技術・考え方に対して誤った理解をしています」等々。

　このように、あれが悪い、ここが悪い、技術的に間違っている、管理が悪いと言い続けていると、途中からチャヒョーさんの顔つきが変わり、突然こう言いました。

　「私たちは、あなたたちの技術も日本からも学ぶものはありません。そんなにコンポスト、コンポストと言うのであれば、日本ではさぞコンポストについて困っているのでしょう。私が日本に出向いて技術指導をしてあげましょう」と、まくし立てるように言葉が返ってきました。

　当然のことながらインドネシア語ですので、私たちは何を言っているのか通訳されるまでは意味が分かりません。しかし、目を三角にしてまくし立てているので、内容は分からずとも気分を害している、激怒していることは分かります。通訳のフィンサさんも戸惑ったとは思いますが、インドネシア語の強い意味をそのまま日本語に訳すのではなく、柔らかい日本語に変えて訳してくれました。

　しかし、どうしてこのような言葉が返ってきたのか――、その時の私は全く理解できませんでした。なぜなら、私としてはコンポストセンターの改善のために、より良いコンポストづくりをするために必要なことであると、そうすることがプスダコタのためになると思ったから。チャヒョーさんに対しても遠慮なく述べているだけの気持ちだったのです。

　海外活動の第一歩でカウンターパートの代表から「必要ない、帰ってくれ」と大声で叫ばれたら、皆さんはどのように感じますか。どうされますか。「せっかく技術指導のために遠路はるばる日本からここまで来たのに…それはないだろう」「なんて失礼な。何様のつもりだ」「こっちこそお断り。早く

切り上げて日本に帰ろう」と思われませんか。テレビドラマの一場面ではありませんが、ちゃぶ台を蹴飛ばして「それでは失礼」、これが私の心境でした。

　しかし、後になって、チャヒョーさんのプライドをひどく傷つけていたことが分かりました。なぜなら、

・プスダコタはコンポストセンターを立ち上げるに当たり、インドネシア国内のコンポストの取り組みを見学したり、スラバヤ大学の図書館で文献調査もした。
・それを踏まえ、実験や研究をして最高のコンポスト技術を手に入れた。
・コンポストセンターでは、コミュニティの人たちと協力しながら生ごみを分別回収してコンポストにし、3年以上継続している実績がある。
・できあがったコンポストの評判も高く、園芸雑誌にも取り上げられ、遠方から買いに来てくれるユーザーもいる。
・プスダコタのコンポストは市販のコンポストよりも金額は高いが、完売している。

　そうです。相手の事情もよく知らずに、あそこが悪い、ここが悪いと並べ立てていたのです。「私はあなたたちと違って、コンポストの技術をより深く理解し知っている」ということを示し、「あなたたちの技術は未熟だから私が指導してあげよう」と、上から目線での話しぶりになっていたのです。ただでさえ、インドネシアの人々は「自動車はトヨタ・ニッサン・ホンダ、バイクはヤマハ・カワサキ・スズキ、テレビはパナソニック・ソニー」というように、日本の製品の素晴らしさ、技術のレベルの高さを熟知しています。先ほどのように接せられれば誰でも気分を害するのは当たり前ですし、逆の立場であっても然りです。

　草の根協力の基本は協働です。相手と同じ立場で一緒になって技術や仕組みをつくり上げることが重要であることを、身をもって知ることができました。その後、チャヒョーさんとはじっくりと話し合いお互いに理解し合えました。

　以上が、私の国際協力の第一歩であり、コンポスト技術支援のスタート
は苦いものとなりました。

スラバヤ市を訪れたら必ず食べたくなるもの。皆さんに是非とも食べて欲しいものを紹介します。

ランキング第1位は「ラウォン・スープ（RAWON Sup）」です。真っ黒な牛肉スープです。プスダコタの昼食で初めて出されたときは、少々戸惑いました。しかし、ご飯にかけて食べると、「エナ（美味しい）」の連発、日本語で表現すると「美味しいったらありゃしない」です。やみつきになり、帰国時の自分のご褒美として「ラウォンの素」が欠かせなくなりました。でも、ご当地ビールと同じですが、やはり現地で食べるのが一番美味しいです。

ランキング第2位は「エス・チャンプル（Es campur）」です。Esは氷、campur は混ぜることです。かき氷に果物や甘い小豆などをトッピングしたかき氷のことです。常夏の国インドネシア。暑いさなかに一仕事終え、かき氷を頬張る。至福の時が訪れます。氷を食べても大丈夫？と思われるかもしれませんが、私は今まで氷が原因でお腹を下したことは一度もありません。現地の方も水道水を使うとお腹を壊すため、飲料水はミネラルウォーターを使っているので氷も然りです。

ランキング第3位は「ソーダ・グンビラ（Soda gembira）」です。直訳すると「ハッピー・ソーダ」です。氷が一杯入ったグラスの中でコンデンスミルクと赤いシロップをソーダで割ったものです。このソーダは単なる炭酸水のことではなく、ジュースの甘いソーダです。コンデンスミルクと甘いソーダの組み合わせですから、甘いってもんではありません。大大甘です。身体に悪そうな気もしますが、疲れた暑い身体でこれを飲むと、幸せ感一杯になること間違いありません。

ランキング第4位は「タペ（Tape）」です。これはインドネシアでの高倉式コンポストの必須アイテムです。タペはインドネシアの伝統的な発酵食品で、材料は蒸したキャッサバ（芋）または炊いたご飯とタペ

タペ（キャッサバ）

菌（錠剤で市販）です。両者を混ぜて適温で置いておくとアルコール
発酵します。イスラム教を信仰するインドネシア人はアルコールがご法度
のはずです。しかし、皆さん、このタペが大好きです。というのも、タ
ペはイスラム教が布教される前から食されている伝統的な発酵食品な
ので、インドネシアのイスラム教ではこれを食することを公認しているか
らです。ちなみに、私は炊いたご飯はご飯として食べる方が美味しい
ので、キャッサバのタペが大好きです。

　ランキング第5位は「シンコン（Singkong）の天ぷら」です。シン
コンはキャッサバ（芋）のことです。イメージ的にはさつまいもの天ぷら
と考えてください。ホクホクッとした食感とほのかな甘みとが合わさる素
朴な味わいが抜群です。インドネシアの会議ではちょっとした軽食がつ
きものですが、私は毎回シンコンの天ぷらをリクエストしています。その
せいかどうかは分かりませんが、帰国する頃にはお腹周りが太っている
気がします。

第2章

家庭用コンポストの普及拡大
（2004 年～ 2006 年）

第1節　北九州での成功体験をスラバヤ市に

9日間の受け入れ研修を実施（2004年10月）

　第1章の後半で触れたように、2004年9月、分別収集・堆肥化による廃棄物減量化・リサイクル事業への技術協力要請に応えて、私が初めてインドネシア・スラバヤ市に足を踏み入れた当時、カウンターパートとの間にはコンポスト技術レベルに関する明白な差がありました。草の根協力の基本は協働にあり、相手と同じ立場で一緒になって技術や仕組みを作り上げることが肝要ですが、かといって、あえて相手の技術レベルに合わせる必要はありません。お互いがより良い技術・アイデアを持ち寄り、それをお互いが理解して、現地に適した技術や仕組みを作り上げることが必要です。

　この差を埋めない限り議論は嚙み合わない——状況を察知したKITAの石田さんは、2003年9月にスラバヤ市開発計画局職員のコンポスト技術受け入れ研修を実施したように、同様の受け入れ研修を日本国内で実施することにしました。スラバヤ市にコンポストセンターを立ち上げるためには、そしてこのプロジェクトを必ず成功するためには、彼らに日本で学び体験して欲しいことがたくさんありました。

　2004年10月、彼らはやってきました。今回の研修員は、実際に廃棄物を扱う部局の美化公園局スタッフ1名、NGOプスダコタスタッフ1名の計2名です。特に、プスダコタのスタッフは組織のNo.2でコンポストの責任者でした。研修内容は前回同様、北九州市の環境行政・廃棄物管理改善であり、その一環として10月4日〜10月16日（土・日曜日・祭日を除く）の9日間、コンポスト研修を実施しました。研修内容は、コンポストを「つくる」「使う」「評価する」部分に重点を置きました。事例研究を多用し、コンポストの失敗事例を多数紹介し、失敗の原因とその対応策を質疑応答形式でディスカッションするものです。研修で学んだ知識や体験をフル活用してアウトプットすることで、学んだ知識の定着率が向上します。カウンターパートから要望のあった「みみずを使用する生ごみコンポスト（ミミズコンポスト）」と「コ

ンポストから浸出水が発生したときの汚水処理方法」についても触れています。ミミズコンポストは日本では馴染みが薄いですが、海外各地ではVermicompostの名称で取り組まれるポピュラーな方法です。また、良好なコンポストを維持する限りは水分は蒸発するため浸出水は出ませんが、当時のプスダコタのコンポスト技術では浸出水に悩まされていたようです。

　研修カリキュラムは次の通りです。

（1）生ごみコンポスト技術の基本知識の取得（座学）
（2）生ごみコンポスト技術の取得（実習）
（3）北九州市のコミュニティを対象とした生ごみコンポストモデル事業
（4）コンポストに関係する微生物の取得方法
（5）コンポスト技術・仕組みについての事例現地調査
（6）北九州市内の有機栽培農家との意見交換
（7）生ごみコンポストの事例研究
（8）カウンターパートの要望事項（みみずコンポスト、廃水処理技術）

課題解消に向けた基盤づくり

　日本での研修を終えた半月後、スラバヤ現地に活動の舞台を移していよいよ本格的なコンポスト技術の移転活動をスタートしました。活動の目的は、スラバヤ市にコンポストセンター建設を始めるに当たり、コンポストの専門家としてその建設及び初期稼動について協力を行うこと。私が現地に張り付いていたのは2004年10月30日〜11月20日（日本出発から日本到着まで）の20日間で、振り返るとまさにこの3週間が、高倉式コンポストの基礎をつくり上げる最も大切な期間となりました。

　現地での活動期間を長くするため、私はできるだけ社の業務を調整し、スラバヤ市での本格的なコンポスト活動に取り組みました。実はこのとき、地球環境基金のプロジェクトだけでなく、KITA石出さんが色々と考えた結果、この期間だけJICA短期派遣専門家のスキームを利用することにしま

落ち葉から微生物の抽出

微生物の培養

コンポストの品質（発芽試験）

コンポストの品質（発芽試験）

エアレーションの重要性

良好なコンポストの状態

農家が必要とするコンポストはなにか

農家こだわりのコンポストの製造

した。

　意気揚々と現地入りしたのはいいものの、到着早々、根本的な路線変更があることを知らされました。当初、スラバヤ市に新たなコンポストセンターを建設する予定でしたが、市の都市計画上、建物の新設が困難であることが判明。既存のコンポストセンターを活用することになったのです。スラバヤ市の既設コンポストセンターは、市営ブランタンコンポストセンターとプスダコタコンポストセンターの2カ所ありましたが、後者を重点対象とすることにしました。その理由として、カウンターパートの活動拠点であること、現在も地域住民と連携した生ごみコンポストに取り組んでいること、日本でコンポスト研修を受講したスタッフがいることが挙げられますが、なによりもプスダコタスタッフのやる気に懸けてみようと思いました。

　さて、既存のコンポストセンターを活用するとして、それをどのようなものにすればいいのか。基本コンセプトとして私は、「現地が主体性を持つ継続したコンポストセンターの稼動実現」を目指し、具体的には次の5点について配慮することにしました。

　①既設施設の有効利用　②シンプルテクノロジーの活用　③ローエネルギーシステムの活用　④現地の汎用品の活用　⑤カウンターパートの取り組みを尊重

　こうして、プスダコタにおけるコンポスト活動がスタートしましたが、現地事情への理解が進んでいくにつれ、当初の計画の見直しが迫られる部分が出てきました。例えば、現地の適正技術ということを考えたうえで、私は彼らのコンポスト技術の採用を見送ることにしました。コンポストの基本技術に忠実かつ効率の良い方法となる新しい技術を検討することで、現地での技術の適正化を図ることにしたのです。一方、既存のコンポストセンターについては、彼らが温めていた新規コンポストセンターの整備計画に基づき、スクラップ＆ビルドにすることにしました。その結果、コンポスト試験は2面がコンクリート壁で、雨と日差し除け用のタープを張った場所で実施すること

既存のコンポストセンター 近隣の悪臭の苦情は
換気ファンが原因

既に腐敗している生ごみを収集

なりました。後述しますが、この場所の選定が思わぬトラブルを引き起こし、隠れた落とし穴となってしまいました。

■NGOプスダコタでの作業計画

・チーム編成

北九州チーム／KITA石田、髙倉

プスダコタチーム／クリス、ブロトー、アリフ、バディ、サビトリ

通訳／フィンサ

・期間中に実施する項目

①生ごみ排出の実態調査

プロジェクト対象となる町内会（カンポン）における各家庭での分別生ごみの保管状況と、その組成について調査する。

②発酵菌の培養方法の確立

良質なコンポストを製造するため、現地にて容易に入手可能な最適な発酵菌を特定し、培養試験を実施する。

③新規コンポストセンターの運営支援

新規コンポストセンターで実施する現地に適したコンポスト方法を確立

し、立ち上げ安定化を支援する。

④既設設備の有効利用

　新規コンポストセンターを整備するに当たり、使用されていないロータリーキルンタイプのコンポスト装置を修理し、活用方法を確立する。

⑤家庭で実施するコンポスト技術の開発

　各家庭で実施可能なコンポスト技術の開発。既設の家庭用コンポスターについては使用方法も含めて改善し、それらの使用方法を確立する。

　このように計画を立てて取り組んだところ、スラバヤ市の生ごみコンポストがどのようなレベルで行われているのか、また、北九州市のコンポスト技術を導入する際の問題点や課題が浮上してきました。以下、私の正直な感想をお伝えします。

第2節　見えてきたコンポスト化への課題

分別は驚くほどできていた

　まずは、生ごみの排出実態を調べる必要があります。プスダコタチームのアリフさんの後について、生ごみコンポストに協力するカンポン（町内会）の家庭を訪問し、各家庭から排出される生ごみの組成（種類）や保管状況について調査しました。アリフさんから、「日本人があなたの家の生ごみを見たいと言っている」と聞いた主婦は、あからさまに嫌な顔をすると同時に怪訝そうな顔も見せました。「テレビ、自動車の国の日本人がどうして私の家の生ごみを漁るの？　もの好きな日本人ね」と思われたに違いありません。

　町内会と協力して生ごみコンポストに3年以上取り組んでいるプスダコタは、家庭で保管中に既に腐敗した生ごみをカートで収集しています。それを、コンポストセンターでカートから下ろしてコンポストにするのですが、作業

者は暑く、センター内は悪臭漂い不衛生で、体力的にもきつい、3K作業でしかありません。これを改善しなければなりません。また、高品質なコンポスト製造のためには分別が基本であり、その分別の程度も理解しておく必要があります。生ごみの組成を知ることは技術的にも大切なことで、おおよその炭素と窒素の比率（C/N比）が分かります。もっと言うなら、町内会の生ごみコンポストに取り組む日本の技術者の顔、すなわち私の顔を覚えて欲しいなとも思いました。（今後の深い付き合いも含めて）

　調査を実施して一番の驚きというか、感心したことは生ごみの分別が行き届いていたことです。町内会長が「分別に協力しますよ」「生ごみコンポストに協力しますよ」と言ってくれましたが、どこまで信用していいのか私は懐疑的でした。しかし、きっちりと分別された生ごみを見て、プスダコタと町内会との協力関係を十分に理解することができました。インドネシアは赤道直下の常夏の国です。毎日が暑いので、生ごみを保管していると次の日には腐り始めます。そのため、保管容器から臭っていたり、ゴキブリなどの不衛生害虫が観察されました。これは当たり前といえば当たり前です。日本の夏でも同様のことが見られますから。町内会を歩いていると、家の壁や塀にビニール袋がぶら下がっていました。何だろうと思い、袋に近づいて不思議そうに見ていると、横からアリフさんが「それは生ごみだよ。家の中に置いてると家が臭くなるから外に出しているんだ。地面の上に袋を置くとネズミがかじるから壁にかけているんだ」と教えてくれました。私はこれらの様子を見聞きして強く感じました。週2回の頻度で生ごみを収集してコンポストセンターで集中的にコンポストにするよりも、生ごみの発生源で処理をするオンサイト方式が適しているのではないかと。

　生ごみの組成は野菜類が主体で、肉類・魚類は高価なため生ごみとしては出ないことも分かりました。コンポストにするときの原料となる生ごみのC/Nは20～40程度の範囲に収まると考えられ、実用上は全く問題なくコンポスト化は可能であると判断しました。生ごみに肉類や魚類が少ないという

生ごみコンポストに協力する町内会

既に腐敗している生ごみを収集

生ごみの組成調査

生ごみは肉類が少ない（骨だけ）

生ごみは野菜類が多い

ゴキブリが見られる

生ごみ袋を壁に掛ける

生ごみ袋を壁に掛ける

ことは、窒素が主成分であるたんぱく質が少ないため、できたコンポストの肥料成分として窒素含有量が少なくなる傾向にあります。しかし、その反面、水分過多などのトラブル時に、アンモニアやトリメチルアミンなどの窒素系の悪臭の発生を少なくすることができるというメリットがあります。

発酵菌は牛の胃液も含め5種類

　まずは、現地のコンポストに適した発酵菌を探索しました。発酵菌について、北九州市で研修を受けたクリスさん以外のプスダコタスタッフは、私が日本から特別な菌を持ってくることを期待していたようです。しかし、さすがクリスさんです。日本の特別な菌を使うのではなく、現地のスラバヤの菌を使用するのだと説明してくれました。そこで、スラバヤで簡単に安価に入手することができ、コンポストに有効な菌をあげてもらうと、①EM4（プスダコタで使用中）②ビオフェクタ（市販）③牛の消化液（胃液）④テンペ菌（大豆の発酵食品製造用の菌）⑤タペ菌（お米の発酵食品製造用の菌）の5種類あるとのこと。①はプスダコタがコンポスト用として既に使用しているもので、②はコンポスト用の菌としてインドネシア国内で広く販売・使用されています。③は伝統的なコンポスト手法で使用されています。④と⑤は発酵食品製造時に使用される菌で、インドネシア国内で広く販売・使用されており、私の講義を受けたクリスさんが提案しました。

　それぞれの菌について、生ごみをコンポスト化する性能を試験しました。その中で、今も語り継がれているのが③牛の消化液です。牛の消化液はスラバヤ市郊外の屠殺場で早朝に買うことしかできません。そのため、その提案者であるバディさんが責任もって購入することになりました。彼はバイクで夜明け前に自宅を出発し数時間かけて屠殺場に行き、牛の消化液をペットボトルに詰め、昼頃プスダコタに戻ってきました。私たちは彼が戻ってくることを待ち構えていたので、早速、試験のスタートです。意気揚々と戻ってきた彼は、これが牛の消化液で、効果抜群と言いながらペットボトルの

75

キャップを開けた途端、中身が飛び出し、彼のおろしたてのジャージにかかってしまいました。私たちは「ウワッ」との叫び声とともに飛びのきましたが、彼はペットボトルを放り投げるわけにはいかず、手にしっかりと持っていました。そうです。牛の消化液からガスが出続けていたのでペットボトルの内圧が高くなっていたのです。この様子を見た全員は、即座に全員一致で「却下」しました。

　また、①EM4と②ビオフェクタは含まれている菌の種類が似ていたので、スラバヤ市で入手が容易なビオフェクタを採用することにしました。④テンペ菌と⑤タペ菌は同じ発酵食品の菌なので、混合して使用しました。以下に、ビオフェクタ、テンペ菌及びタペ菌に含まれている菌の種類を示します。（テンペ菌とタペ菌については後の調査により菌の種類が判明）

　・ビオフェクタ：酵母菌、黒麹菌、枯草菌、乳酸菌、酢酸菌、硝化細菌、アンモニア酸化細菌

　・テンペ菌：クモノスカビを主とする糸状菌、酵母菌、細菌

　・タペ菌：糸状菌、酵母菌、細菌（乳酸菌を含む）

　インドネシアも日本と同じ米を主食としているので、スラバヤ市は都市部であっても、発酵菌を培養する基材として近郊農家からもみ殻と米ぬかの入手は可能であると判断し、培養方法は日本の方法を参考にしました。このとき、プスダコタチームの提案により、上白糖よりも安価な未精製糖もしくは、さとうきびジュースを採用することにしました。これらを混合して発酵菌を培養しシードコンポストを作成します。また、プスダコタチームの提案により、安価に入手可能なトウモロコシくずの発酵物もシードコンポストとしての使用可否を検討することにしました。

左からビオフェクタ、タベ菌、サトウキビジュース）

基材と発酵菌を混合し水分調整

基材と発酵菌を混合し水分調整

発酵菌培養方法の記録

悪臭発生原因の90%以上は水分過多

　新規コンポストセンターではスペースを有効活用するとともに、切り返し等の撹拌を不要にし、かつ、コンポスト期間を短縮することを目的として、通気性のあるコンテナに生ごみとシードコンポストの混合物を入れ、積み重ねる方法を採用しました。次頁の図のように良好な発酵がなされるとコンテナ内の温度は高くなり、それに伴い上昇気流が発生します。すると様々な面から空気の吸い込みがなされ、自然に好気性の環境をつくり出します。また、生ごみの分解が落ち着き緩やかな発酵になり、コンテナ内の温度が低くなったとしても、表面から30cm程度は空気が入り込むので、緩やかな発酵に必要な酸素の供給がなされます。すなわちコンテナの大きさは、中心部からの距離は最大30cmですので、最大60×60×60cmHとなります。実

際はハンドリング性を考え、30×33×47cmH容積46ℓのプラスチック製容器を使用しました。

　以前にプスダコタが運営していたコンポストセンターは、近隣から悪臭の苦情が絶えなかったため、プスダコタチームは悪臭対策については万全を期したいと考えていました。特にブロトーさんは、臭気に対しては非常にデリケートに捉えていました。私が提案する新システムは、多量のシードコンポストと生ごみを混合し、酸素の供給がスムーズなため、臭気の発生は抑制されると技術的・理論的に説明しても、ブロトーさんは頑として受け付けませんでした。そこで、私とブロトーさんとでバイオフィルター（脱臭効果のあるビオフェクタの培養養液をしみこませたヤシ殻マット）を考案しました。バイオ

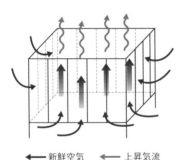

◀━━ 新鮮空気　◀━━ 上昇気流

脱臭用バイオフィルター

コンテナに対して興味津々

コンテナの使用（イメージ）

フィルターを箱状につくり、その中にコンテナを入れることで、臭気成分がヤシ殻マットをゆっくりと通過する時に、ビオフェクタに含まれる菌がこれを捉えるものです。ただし、私としてはこのバイオフィルターは必要ないと考えているので、バイオフィルター有・無での臭気の発生状況の比較試験も実施しました。

　なお、容器の使用方法ですが、害虫侵入防止用の通気性のあるサック袋をコンテナ内にセットし、そこに生ごみとシードコンポストの混合物を入れます。生ごみとシードコンポストの混合比は1：1です。根拠は明白で、コンポスト化に適した水分範囲である40～60％（平均50％）から、その比を求めることができます。生ごみの平均水分80％、シードコンポストの平均水分は20％なので、これらを1：1で混合することで水分は50％になります。コンポストの水分調整は基本中の基本であり、これを無視して水分過多でコンポスト化すると間違いなく腐敗します。私はコンポストから悪臭が発生する原因の90％以上は水分過多であると思っています。コンポストから悪臭が発生して困っていると騒いでいるものの、水分調整には手をつけていないことが多々あります。このようなことからも、コンポストの基本を十分に理解する必要性があります。

高倉式、命名のいきさつ

　次に発酵菌の違いによるコンポストの比較、バイオフィルターの脱臭性能、コンテナ方式によるコンポスト化の有用性について試験しました。

　試験の結果から、現地の発酵食品に関係する「テンペ菌＋タペ菌」はコンポスト用発酵菌としての効果があり、悪臭の発生が無いのでバイオフィルターも必要ありません。さらに、生ごみの分解も速いことから、コンテナ方式は現地に適した方法であることが分かりました。

　コンテナ方式は次のように特徴付けることができます。

　「コンテナ方式の生ごみコンポスト容器は、内容積を46ℓ（30×33×

47cmH）としたことで、人の持ち運びが容易でハンドリング性が良い大きさとしました。コンテナを高く積み上げても容器単位で管理することができるため、底面が圧縮されて隙間がつぶれてしまう圧密現象が起きず、生ごみと発酵菌を混合した内容物の比重は0.5kg/ℓ程度と最適な数値を維持します。これは、それぞれのコンテナ内の通気性を確保することになり、容易に好気発酵を維持し、腐敗した生ごみであっても悪臭が発生することなく良好なコンポストへと導くことができます。また、撹拌（切り返し）せずに30日間でコンポストの完熟化まで行うことが可能となります。すなわち、コンテナ方式はシンプルテクノロジー・ローエネルギーシステムであるといえます」

　スラバヤ市の気候風土における生ごみコンポストの取り組みでは、腐敗した生ごみを収集することは当たり前のことであり、コンポスト化に当たり、いかに短時間で良好な発酵へ導くことができるかが重要課題となります。現地を確認し、プスダコタチームと協議しながら試験を実施し、現地に適した新しい技術を一からつくることができました。

　このコンテナ方式のコンポスト技術に名前を付けることになりました。私たち日本側からはインドネシア語のネーミングを提案しましたが、プスダコタチームから却下されました。その理由を聞くと、インドネシア語のネーミングではインドネシア人が誰も信用しないといいます。日本語ならインドネシア人は信用するといい、それなら技術を開発した私の名前TAKAKURAでどうかというのです。最終的には、"積み重ねるタカクラのコンポスト"という意味で"Takakura Susun Method"という名称になりました（Susunはインドネシア語で積み重ねるという意味）。

　ここでは簡単にプスダコタチームと協議しながらと述べましたが、実際はそんな簡単なことではありません。プスダコタチームのコンポスト技術者は、長年、良質なコンポストをつくる技術者であると高く評価されていました。コンポスト技術者としての自負心もあればプライドも持っています。そのような中

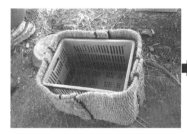

フィルター有りコンテナ

害虫侵入防止用サック袋をセット

生ごみとシードコンポストを混合

混合物の容積重を確認

混合物をコンテナ容器へ投入

コンテナの容積重の確認

表面の生ごみが隠れるようにシードコンポストで覆う

コンテナ試験準備完了

驚きとともに内部を確認

で、日本から来て数日滞在してつくり上げたコンポスト技術者に対して、「自分たちよりも少しはコンポストの知識は持っているかもしれないが、インドネシア国内の実績・評価では負けはしない」と思っていたようです。バディさんが24時間経過後のコンテナ内を確認した時に驚きとともに発した言葉、「自分たちの技術では3週間かかることが1日でできている」以降、私のコンポスト技術への信頼は日増しに強くなっていきました。

第3節　信頼関係の構築

整腸剤を頼みに生水を飲み干す

　草の根協力の基本は協働であり、その第1歩は信頼関係を結ぶことです。ここからは、その信頼関係をどうしたら構築することができるのか、述べてみたいと思います。

　プスダコタで本格なコンポスト活動をスタートする2004年11月3日、彼らの事務所で最初の打ち合わせがありました。その時、冷えた水がなみなみと注がれた透明のガラスコップが私の前に差し出されました。海外、特に開発途上国では、「生水は絶対に飲むな」と教え込まれていたので、飲むのを一瞬ためらいました。温かいお湯か、お茶を頼むのが賢明かと思いましたが、プスダコタスタッフの24の瞳が私を注視しています。「私は試されてい

るのか？信頼関係を築けるかどうかの、ここが分かれ道になるかもしれない。さて、どうするか・・・」と戸惑いましたが、そのとき、ある秘策を持っていることを思い出しました。乳酸菌の整腸剤をビン1本（350錠）持っていたことです。

　万一水にあたったとしても、整腸剤を100錠ほど飲めばすぐに治ることを経験的にも知っていたからです。100錠も飲んで大丈夫？と思われるかもしれませんが、整腸剤は乳酸菌の塊です。ヨーグルトを少々多く食べることと変わりはありません。それよりも、ヨーグルトは乳たんぱく質や脂肪を含んでいるので、食べすぎると腸に負担がかかってしまいますが、整腸剤はほとんどが乳酸菌なのでそれもありません。水あたりの原因となる物質を残して強制的に下痢を止めるのではなく、悪いものを排出しながら乳酸菌の作用でpHを下げて腸内環境を整えることで下痢は止まります。

　私は、暑いだろうと気遣って出してくれたであろう冷えた水を、ごくごくと美味しく飲み干しました。そして、何ともありませんでした。それは、ウォーターサーバーの冷水だったのです。後で聞いた話ですが、水道水はお腹を壊すので、現地の人も飲んだり料理には使わないそうです。また、氷をつくるにしてもウォーターサーバーの水を使うそうです。その話を聞いてから私は、現地の人が氷入りの飲み物を飲んでいるようなレストランであれば、安心して飲み食いするようにしました。実際、スラバヤ市では、今まで一度もお腹を壊したことがありません。でも油断は禁物です。他の国でも同じようにしていて、大変な思いをしたことがあります。帰国の前夜に大変な下痢になり、それは必殺の整腸剤で問題なく収まったのですが、帰国後、数日たってから身体がだるくてだるくてしょうがない状態になってしまいました。近くの開業医に診てもらうと肝機能の数値が悪く、翌日には入院することになってしまいました。A型肝炎にかかってしまったのです。やはり、用心に越したことはない、油断禁物と肝炎だけに肝に銘じました。

おあつらえ向きのランドリーボックス

　分別した生ごみは、収集されるまでの間各家庭で保管しますが、週2回きりなのでその間に腐敗してしまいます。生ごみを収集運搬するスタッフは、暑くて、汚くて、きつい作業に当たることになります。そして家庭では、生ごみを入れた袋を壁に掛けるなど保管場所に苦慮していました。そのような状況を解決するには、家庭で生ごみが発生した直後、すなわち腐っていない新鮮な状態の生ごみを家庭でコンポストにする方法が考えられます。ごみは自分自身でコンポストにリサイクルする。これこそ究極のリサイクルといえるのではないでしょうか。現地での成果はコンポストセンター用の技術開発に留まりません。生ごみコンポストに適した家庭用容器の開発にも着手しました。そして、これが高倉式コンポストの代名詞として広がることになりました。

　容器の基本的な考え方はコンテナ方式と同様です。耐久性があり、通気性が確保され、ハンドリング性が良く、現地で容易に入手（購入）することができることが必須条件となります。そのような容器を探すために、私、石田さん、フィンサさんの3人でスラバヤ市内のホームセンター巡りをしました。別注で容器をつくるのではなく、市販品で適したものを探すのです。ホームセンターを5カ所ほど回ったとき、ほぼイメージ通りの容器が目の前に姿を見せてくれました。それは「ランドリーボックス」でした。横の面は網目構造で、網目の蓋つきのプラスチック製。大きさは30×42×60cmHで、シードコンポストを60ℓと大量に入れることができ、それでいて持ち運びも便利な手頃な大きさでした。これに、虫の侵入を防止するダンボールを内張りします。ダンボールはああ見えて通気性があります。底面付近は水分過多になりやすいので、もみ殻の枕を底に敷いて空間をつくりました。また、上部から虫が入りやすいので、同じくもみ殻の枕をシードコンポストの上に置き、布をかませて蓋をしました。

　順調にアイデアが形づくられていくように思われるかもしれませんが、予期せぬトラブルに見舞われてしまいました。私に与えられた活動期間は20日間

市販のランドリーボックス

内張りのダンボールをセット

全員でもみ殻の枕を製作中

もみ殻の枕を敷きシードコンポストを入れる

生ごみを入れてかき混ぜる

もみ殻の枕を上に置く

布をかませて蓋をする

家庭用コンポスト容器の完成
左が石田さん 右が髙倉

作業時の途中休憩　左が石田さん　右が髙倉

しかなかったので、この期間内にある程度の結果までは辿り着こうと、休憩も取らずに一心不乱に作業をしていました。コンポスト試験場所はタープを張って直射日光を避けることはできましたが、2面がコンクリート壁だったので風の通りが悪く、昼間の作業中の気温は35℃くらいまで上がりました。しかも、私としては結構楽しい作業だったので、休憩を取らずに続けていたのがいけなかったのでしょう。ある時、作業の途中で石田さんが私に何か聞きたくて声を掛けたそうです。でも、私は返事をしなかったようです。もう一度石田さんは声を掛けました。「髙倉さん、髙倉さん」。私は声は聞こえたのですが、返事ができずに立ったままでいました。というより、身体も動かすことができなかったのです。そうです。軽い脱水症状になっていたのです。これを見た石田さんは、慌ててプスダコタチームにも手伝ってもらい私を風通しの良い涼しい場所に連れていき、水を飲ませてくれました。大事に至らずにすんだのです。それからは定期的に休憩を取り、簡単なインドネシアンスイーツとともにお茶を飲むようにしました。

分解スピードの速さに感嘆の声

　家庭用コンポスト容器の効果はどの程度のものでしょうか。しっかりと効果を示してくれました。食べ残しのご飯であれば、翌日にはその形は無くなっています。形が無くなったからといってコンポストになったわけではありません

が、発酵菌による分解がとても速いことが分かります。プスダコタチーム全員から、「凄い！」と感嘆の言葉が発せられました。実はこの分解スピードの速さもコンポストの基本理論に合致します。私たち人間が消化吸収できるものは「易分解性有機物（炭水化物・脂質・タンパク質）」と呼ばれ、適切な菌を用意し、菌量と条件を整えることで、スピーディーな分解を得ることができるのです。

　私たちが一生懸命コンポストに取り組み、その成果が徐々に出てくると、プスダコタ代表のチャヒョーさんも作業現場に顔を見せるようになり、家庭用コンポスト容器の様子も興味津々に観察していました。

　こうして完成した家庭用コンポスト容器は、後に、"Takakura Home Method"と名付けられました。

　家庭で実施するコンポストには、他に既設のコンポスト容器を活用した「Mini-Composter」がありました。これは日本でいう土中式コンポスト容器としての活用です。また、既設のロータリーキルンタイプのコンポスト装置についても活用方法を確立し、"Rotary Barrel Method"としました。

　開発したコンポスト技術は全部で5種類、それぞれに特徴がありました。そして、できあがったコンポストはプスダコタでパッケージして販売することを考えていました。中でも、最も注目を集めたのが"Takakura Home

生ごみの分解の程度を確認

家庭用コンポスト容器を観察するプスダコタ代表
チャヒョーさん

Mini-Composter

分別した生ゴミを入れる

土や堆肥を入れる生ごみと土・堆肥はサンドイッチ状

防虫ネットと蓋をかぶせる

Rotary Barrel Method

分別した生ゴミを入れる

1日数回回転させる

翌日、生ごみの形はほぼ消えている

図4　プスダコタで開発したコンポストの一覧

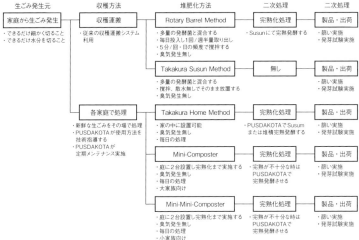

Method" であり、高倉式コンポストの代名詞として世界へと広がることになりました。

第4節　家庭用コンポストへのさらなる展開

野菜市場の生ごみもコンポストにしたい

コンポストセンターを整備するため、プスダコタではスクラップ＆ビルドによるリニューアルをすすめました。その際、Takakura Susun Method（以降、高倉式コンポスト（センター用））を導入することで、コンテナの積み上げ方式により効率よく、省力化を図りながらの生ごみコンポストを実現していきました。

コンポストセンターのリニューアルには、プスダコタと関係するコミュニティをモデルプロジェクトの対象地区とし、100世帯の住民が生ごみ分別に協力してくれました。私たちは、このリニューアルコンポストセンターのスタート時

に立ち会うことができず、約2カ月間はプスダコタチームだけでの運営となりました。細かな情報が入らず、生ごみコンポストが上手くいっているのかどうかやきもきしていましたが、2005年5月、石田さんが渡航したことでようやく運営状況を確認することができました。その時入ってきた連絡が以下の情報です。

「コンテナは1週間目と2週間目のみ使用しており、その後は従来の列状に積み上げるWindrow方式としてコンポストにしています。その方法で全く悪臭が発生することなく、コストも抑えられるということです。既に生ごみコンポストは8週間実施しており、1週間目と2週間目のコンテナと、Windrow方式で3週間～8週間経過した山がそれぞれ1山ずつ計6山あります。プスダコタチームでは熟成終了の見極めができないため、私が次回渡航する時に熟成終了の判断基準を示して欲しいとのことでした」

プスダコタチームは教えられたことだけを実施するのではなく、自分たちの今までの経験を踏まえ、新技術である高倉式コンポスト（センター用）と従来技術であるWindrow Methodを融合させ、より良きコンポストセンターの運営を目指していたのです。私たちがプスダコタチームに技術指導するときに、「"KAIZEN（改善）"は大切である」と話しましたが、彼らは既にKAIZEN（改善）という言葉を知っており、それを実践したわけです。しかし、ここでも注意点があります。KAIZENと称して、何の理論的根拠も

高倉式コンポスト（センター用）

Windrow方式（コンポストの山）

持たずに自分流に方法を変えてしまうことがあるのです。こちらの方が省力化が図れると称して"手抜き"をしてしまうのです。そんなとき、「ダメだ、手抜きだ！」と頭ごなしに叱ってはいけません。変更した理由をしっかりと聞いたうえで、技術的根拠を求めることで、自分たちが間違っていたと気づきます。また私も、理由を聞くことでなるほどと思うこともあります。日本流で考えるとおかしいと判断してしまいますが、現地流・インドネシア流で考えると合点がいくのです。その具体例は改めて別の部分で述べたいと思います。

プスダコタチームは8週間もの間、何のトラブルもなくコミュニティ内の100世帯の住民から生ごみを収集しコンポストに取り組んでいました。これをもって私たちは、コミュニティ生ごみのコンポスト技術もシステムも間違いないと自信を深めました。そこで私たちは、懸案事項でもあったコンポスト事業の規模拡大、すなわちパイロット試験からスラバヤ市内への波及に踏み込みたいと考えました。その規模の拡大とは、コミュニティ100世帯から1,000世帯にするという現状の延長線上の拡大だけでなく、「野菜市場の生ごみをコンポストにする」という野心的なものでした。コミュニティの住民を対象とするだけでなく、公設市場の大量の野菜くずも対象にしようとしたのです。これは下手をすると、"二兎を追う者は一兎をも得ず"になってしまうかもしれないのですが、私たちはそうすべきだという使命感を少なからず持っていました。

それには、しっかりした理由があります。プスダコタチームのコミュニティコンポストの取り組みは、主としてNGOと住民の2者の協働であり行政は支援する程度なので、行政はある意味傍観者で終わる恐れがありました。ところが、公設市場の大量の生ごみを対象とするということは、とりもなおさず行政が主となる取り組みになります。また、市場の生ごみを1日40t対象にするということは、住民40,000世帯（生ごみ発生量1kg/世帯）の生ごみを対象にすることに等しいと考えることもできます。さらに、市場の野菜くずは異物混入の少ない良質なコンポスト原料になります。そして、大量の生ごみをコンポストにすることで、市民に対する格好の環境教育コンテンツとして活

用することができるのです。

このような二兎を追う野心的な提案に対しプスダコタチームから返ってきた言葉は、「1,000世帯規模の取り組みについては、このコミュニティだけで1,500世帯あるので今年度規模拡大は容易です。是非やってみたい。野菜市場での取り組みも協力してもらえるところが数箇所あるので、今後場所の選定も含め検討したいと思います」というものでした。プスダコタチームも私たちと同様にコンポストに対する自信を深めており、野心的な展開を望んでいたのです。蛇足かもしれませんが、このとき、プスダコタチームは利益を求めるための野心ではないということを付け加えておきます。

プスダコタコンポストセンターは改善を重ね、コンポストの手順は次のようにブラッシュアップされました。

①1,000世帯を対象にコミュニティを2カ所の地区に分け、家庭で分別した生ごみをそれぞれの地区ごとに週1回の頻度で収集運搬する。コンポストセンターに生ごみの形状が大きいものはナタで荒く切る。

②生ごみとシードコンポストを1：1の割合で混合する。

③混合物はコンテナ容器に入れ積み上げ2日間放置し水分を減少させる。しばらくすると温度が上がり始め、温度の上昇とともに臭気は少なくなってくる。

④乾燥した混合物を粉砕機にかけ、生ごみを小さくする。

⑤細かくなった混合物を水分調整（水分40〜60%）して堆積発酵し、2日に1回の頻度で山を移動させながら撹拌する。堆積発酵は6山とする。

⑥12日間堆積発酵した混合物は篩にかけ、篩い下を製品コンポストとて袋詰めして出荷する。篩い上はシードコンポストとしてリターンする。

プスダコタコンポストセンターで製造したコンポストは、以前のコンポストセンターで製造していたものよりも高い品質が得られているとの分析結果も得

分別した生ごみを収集運搬
（2回/週）

生ごみとシードコンポストを混合
（1：1）

コンテナ容器に入れ積み重ねる
（2日間）

乾燥した混合物を粉砕

水分調整して堆積発酵撹拌移動
（1回/2日）

篩後製品コンポスト袋詰め出荷

られました。プスダコタコンポストセンターにおける生ごみコンポストシステム、すなわち「住民の生ごみ分別〜NGOによる生ごみの収集〜コンポスト製造（高倉式コンポスト（センター用）＋ Windrow Method）〜コンポスト販売」は完結しました。そして、スラバヤ市だけでなくインドネシアにおけるベストプラクティスとして認知され、NGOだけでなく行政機関やコミュニティなどの多くの見学者を受け入れました。しかし、製造したコンポストの品質を左右する生ごみの分別回収のためには、住民に対する地道で継続した環境教育が必要であること、シンプルではあるがマニュアルに基づく作業手順を守ったり、生ごみを小さくすることが面倒くさいと感じたりするなどから、残念なことに、私の知る限りでは他地点での展開は、バリ島のNGOバリフォーカスの1例しか見ることができませんでした。

高まる家庭用コンポストへの期待

　プスダコタコンポストセンターには様々な見学者が訪れ、コミュニティ住民

と取り組むコンポストシステムについて説明を受けました。ただ意外なことに、見学者が興味を示していたのはコンポストセンターの仕組みや今後の展開ではなく、Takakura Home Method（以降、高倉式コンポスト（家庭用））、つまりコンテナでなく家庭用コンポストのほうでした。

　プスダコタでは高倉式コンポスト（家庭用）の効果を継続的に確認するために、2004年11月下旬に3台設置し、プスダコタから発生する生ごみを継続的に処理していました。生ごみを家庭用コンポスト容器に入れて撹拌するだけで、翌日にはほとんど生ごみの形がなくなっていました。例えば、15人分の昼の調理くずや食べ残しを1台で処理していましたが、1ヵ月間でほとんど内容物（シードコンポスト）は増えていませんでした。プスダコタ自身も改めてその性能・効果を実感したようです。

　このような事例も含めて見学者にその有効性を説明し、取り扱いの実演をしてきました。結果として見学者のほとんどが、分別した生ごみを自らコンポスト化できる高倉式コンポスト（家庭用）に強い関心を抱くようになりました。2004年12月には地元のTVや新聞の取材も受けましたが、その時も注目を一身に集めたのは家庭でできる、自分たちでできる生ごみコンポストでした。これらマスメディアの影響もあり、高倉式コンポスト（家庭用）が高倉式コンポストの代名詞となり、それへの期待感はさらに高まっていったの

昼食はプスダコタでみんなで一緒に美味しく食べる

フルーツの皮などは各自が小さくしてコンポストへ

TV取材

注目するのは高倉式コンポスト（家庭用）

です。

防衛特許の意味合いでパテント取得

　高倉式コンポストへの反響は止まりません。12月下旬のプスダコタ、スラバヤ市開発局、美化公園局を含めた打ち合わせでは、公園美化局が複数箇所のコンポストセンターを整備し、生ごみコンポストとともに環境教育の場として活用することを発表しました。そして、家庭でのコンポストはまず試験的に10家庭で高倉式コンポスト（家庭用）を導入し、100家庭までスケールアップすることに決まりました。その日の午後、JICA専門家の藤塚さんの訪問を受けました。私達のスラバヤ市での活動を「スラバヤ市の廃棄物減量化・資源化の取り組みをしっかり把握したうえでのよく考えた活動で正直驚いている」、「現地にある安価な資機材を使用し、現地の方々が気軽に取り組め、その効果も高い」等、高く評価していただきました。私たちとプスダコタチームは、コンポストの取り組みに間違いはない、インドネシア国のみならず他国でも使用可能な技術であると、さらに自信を深めるとともに明るい将来展望の兆しを感じました。

　一方で私たちは、高倉式コンポスト（家庭用）を広く展開するに当たり、ある危惧を抱いていました。それは、良いものが開発されればされるほど、様々な方々が使ってみたいと思えば思うほど、イミテーションもまた流通してし

まうという現実です。最悪の場合、プスダコタや行政とは全く関係のない他者が商売としてパテント（特許）を取得してしまい、当事者が自由に使用できなくなる恐れもあります。これを避けるために、防衛特許と表現することができると思うのですが、すぐにパテントを取ることを提案しました。

　当然のことながら、私たちが権利やパテントを主張することはありません。なぜなら、このプロジェクトは企業が利益を求める事業展開ではなく、国際協力としての取り組みであるからです。そこで私たちは、プスダコタがNGOとして継続して活動するためにはしっかりとした財政基盤を築く必要があることと、私が高倉式コンポスト（家庭用）を開発した当事者でもあったので、プスダコタがパテントを申請することを提案しました。プスダコタも、利益を求めるためのパテント取得ではないことを口頭ではありますが関係者の前で約束し、全員がパテント取得について同意しました。このとき私たち、つまりプスダコタ、スラバヤ市開発局、美化公園局の関係者全員は考えを1つにしていました。しかし、後になってプスダコタのパテント取得が物議を醸すことになるのです。

婦人会の口こみで一気に広まる

　こんなこともありました。2005年5月、石田さんが再渡航されたときに、思わぬ情報が飛び込んできました。「既に117セットが販売済みであり、新たに519セットの販売予約が入り対応が大変だ。本来はコンポストセンターで製造したコンポストは製品コンポストとして販売するのだが、家庭用のシードコンポスト（発酵床）として使用している。それでもシードコンポストが足りない。また、バスケットの費用が高いので安価な代替バスケットを探している。スラバヤ市美化公園局にも来月100セット、翌月以降300セット納めなければならない。今年中に1,000セットを超える予定である」と。

　当初の見込みでは試験的に10家族で取り組み、100家庭までスケールアップしようと考えていましたが、その想定を超えるスピードで広がり始めまし

た。実際に石田さんからは、「技術協力を草の根レベルで行う場合には、200世帯が取り組むことでパイロットプロジェクトとしては評価される。目標は200セットの普及です」と聞いていました。それを難なくクリアしており、私はどこまで広がるのかなと思いました。

　開発した当初は前述のような広がりは全く期待していませんでした。まずはプスダコタのツテで近くのコミュニティの主婦の方々に集まっていただき、家庭用コンポスト容器の使い方を説明しました。その時の主婦たちの怪訝そうな顔は今でも忘れることはできません。生ごみは腐って当たり前、悪臭やゴキブリ、ひいてはネズミが発生する元凶でしかありません。主婦たちは、「こんなプラスチックの容器に入れて、得体のしれない物とかき混ぜると生ごみは消えてなくなる？　そんなことあり得ないし、そもそも生ごみの処理なん

高倉式コンポスト（家庭用）製作用の器材関係

高倉式コンポスト（家庭用）用シードコンポストの篩い

荷待ちの高倉式コンポスト（家庭用）

蓋には使用方法のパンフレットを添付

て自分でやりたくもない」と思っていたようです。私も主婦たちに対しては、「どうぞ使ってみてください」としか言えませんでした。いくら力説したとしても、使ってもらわない限りは、その良さを理解してもらえるものではありませんから。

　やがて、"お試し"であっても使用した主婦たちから、「本当に生ごみの悪臭がしない」「翌日には生ごみの形がほとんどなくなっていることに気づいた」という声が聞こえはじめ、口コミによりその良さが伝わっていきました。この口コミが大切であり重要です。その時点では私たちは気付いていませんでしたが、その主婦たちは、実はコミュニティの婦人会の主要メンバーだったのです。インドネシアの婦人会組織は幅広く末端まで行き届いたネットワークを持ち、しかも活動は活発です。コミュニティの婦人会を通じて高倉式コンポスト（家庭用）の良さが広がっていきました。

　婦人会の会長は市長夫人が就くことになっており、行政施策に対し大きな影響力を持っています。また、直接生ごみを扱う主婦の立場からすると、生ごみの減量化・資源化の視点よりも、家庭で手軽に生ごみを処理することで家庭環境が衛生的になり、不衛生を原因とする家族の罹患が少なくなるとの見方が大きなウエイトを占めていたように私は感じました。これはインドネシアに限ったことではなく、日本の婦人会組織にもあてはまります。日本

昭和中期の頃にタイムスリップ？

三輪自動車で荷物を運ぶバディさん　　　　コミュニティを巡回するカラーひよこ売り

は、今でこそ婦人会活動は緩やかになってしまいましたが、私のイメージでは1975年（昭和50年）頃までは活発でした。私には日本の昔とインドネシアでの活動の様子がダブって見え、コミュニティについても、私が子供だった頃にタイムスリップしたように感じました。

　今から考えてみれば、単なる近所の主婦の井戸端会議的な口コミだけでは、ここまでの広がりはなかったかもしれませんし、広がったとしてもスピード感が全く異なっていたと思います。主婦のパワーは侮れません。大阪のおばちゃんパワーではありませんが（私は関西生まれの関西育ちです）、主婦たちはバイタリティーあふれる活動力を持っていますし、ツボにはまればどこまでも楽しく邁進します。私も同じような感覚なので息が合うというのでしょうか、コミュニティの現地調査を実施したときやセミナーでは主婦の方々に取り囲まれます。この時の私の信条は、主婦たちからいかにして笑いを取るかです。身振り手振りを交え、声のトーンを変えながら日本語で話します。通訳のフィンサさんも心得たもので、私の雰囲気を感じ取って訳してくれます。インドネシア語のワンクッションが入りますが、爆笑の渦です。時にはおばちゃんがバシバシ私の身体を叩きます。まるで即席漫才をしているような錯覚に陥る場合もあります。私は、このインドネシア人の国民性に大いに助けられました。また、海外活動においても生真面目一辺倒ではなく、メリハリを付け、時には真剣に議論し指導することもあれば、時には笑いの渦に巻き

婦人会の主婦対象のミニセミナー

婦人会主催によるコミュニティ対象のセミナー

込むなど楽しい指導をすることが必要である、いや重要であると、つくづくと思いました。このスタイルは、その後も現地での国際協力や日本での研修に活かされています。

　少し脱線しますがマレーシアの現地活動での経験についても少し触れたいと思います。カウンターパートの廃棄物管理公社に、初めてコンポストセミナーを実施したときのこと。参加者は公社職員100人程度で、用意した部屋はほぼ一杯になりました。さあスタートと思い、しゃべり出そうとした瞬間、目の前に技術部門№2の人物が座り、しかめっ面をして私を睨むように見ていることに気付きました。その人とは、事前にしっかりとコミュニケーションを取ることができないままセミナーに臨むことになってしまったのです。彼からは、「私は廃棄物管理に係わる技術面では誰にも引けを取らない。コンポ

美化公園局職員向けセミナー

中身を触って確認

TV生出演のための化粧

TV生出演(初めての経験)

ストについても然り。日本人の技術者何するものぞ」の感じが、ひしひしと伝わってきました。ただ、私としてもそれに過敏に反応する必要はありませんし、今まで通りの方法でコンポストについて、いつもより多少詳しくお話ししました。

　そろそろ一度休憩のタイミングかなと思ったときも、彼のしかめっ面に変わりはありません。しかし、他の参加者には疲れも出てきているようなので、リフレッシュしてもらうためにもここで笑いの渦に巻き込んでから休憩に入ろうと思いました。実は、私は、全世界に通用する笑いの渦に巻き込むアイテムである“コメディマジック”を身につけています。私は身体から鳩を飛び立たせることができるのです。そのマジックをした途端、会場は大爆笑に包まれました。彼も椅子から転げ落ちんばかりに大笑いしていました。それ以降は彼の顔つきも穏やかになったのは言うまでもありません。技術協力は人と人のつながりの活動です。特に草の根は協働を大事にするので、対等の立場での活動が求められます。時には楽しい雰囲気を醸し出すことも必要だと考えています。

　さて、話は元に戻りますが、スラバヤ市としては婦人会の活動を通じて高倉式コンポスト（家庭用）の普及を考えていました。美化公園局職員も取扱い方法や仕組みを理解しなければなりません。そこで、私たちは職員向けセミナーも開催しました。さらに、2005年7月にはTV出演を通じて、広くスラバヤ市民に紹介をする旨の依頼も受けました。

コンポストの買取りシステムを提案

　プスダコタからもコミュニティの主婦を対象とする説明会の協力依頼を受けました。プスダコタは自身が持っているネットワークを活用して高倉式コンポスト（家庭用）の普及を促し、自身の機関誌の“PENDOPO”により活動報告を行っています。その中でインドネシア語の表記も必要と考え、

主婦たちにKeranjang Takakuraの良さを力説

「Keranjang Sakti Takakura」と命名しました。インドネシア国内に広く浸透・普及するためには母国語のネーミングが必要と考えたようです。Keranjangはバスケット・容器、Saktiは魔法なので、"魔法の箱Takakura"という意味になります。一般的には「Keranjang Takakura（高倉バスケット）」で通るようになりました。ただし、ここでは高倉式コンポスト（家庭用）と統一して記述します。

　スラバヤ市行政・プスダコタ・婦人会の3者が協働して家庭用コンポストの普及拡大を推進し、その成果物として高倉式コンポスト（家庭用）が脚光を浴びました。しかし、スラバヤ市内の家庭ごみの減量化・資源化策としては不十分でした。このままの状態で突き進んでいたなら、ブームだけで終わっていたかもしれません。なぜなら、家庭用コンポストの行政施策としての位置付けが不十分であるからです。行政としては取り組みを推進するものの、ある意味、市民の自主性に任せている、いや頼っている様子が見受けられました。高倉式コンポスト（家庭用）は家庭用コンポストとして取り扱いやすく、私は自信をもって素晴らしい技術であると断言できます。

　しかし、トラブルは付きもの。どのような技術、方法、装置であっても必ずトラブルは発生します。それをどのようにしてフォローアップしていくかが大切であり、市民が家庭コンポストを継続するためのキーとなります。「悪臭がし出した」「ウジ虫が発生した」「生ごみがなかなか分解しない」── これらは適切なアドバイスと簡単な対処だけですぐに解決します。このフォローアップを高倉式コンポスト（家庭用）の製造元であるプスダコタだけが担うとすると、当然限界があります。高倉式コンポスト（家庭用）を受け取った市民は、最初は調子よく取り組んでいたとしても、トラブルが生じた途端「やーめた」となってしまいます。数多く配布したものの、同じ数だけ止めていく。すなわち、ブームで終わってしまうということです。

　このように危惧すべき事態を回避するために、プスダコタを中心とする「コンポストの買取りシステム」を提案しました。次のような仕組みになります。

　①主婦たちは高倉式コンポスト（家庭用）のパテントを有するプスダコタから購入します。

それぞれの家庭で生ごみコンポストに取り組む

容器に一杯になった未熟コンポストを回収する

容器に新しいシードコンポストを入れます

回収した未熟コンポストは買い取ります

コミュニティを巡回して未熟コンポストを回収します

プスダコタコンポストセンターで完熟します

②トラブル等が生じたら、プスダコタに連絡を入れます。

③プスダコタは現物をチェックしたり、電話で細かく対処方法を指導するなどフォローアップします。

④生ごみを処理していると容器が一杯になるので、プスダコタは中身を未熟コンポストとして回収します。なぜなら未分解の生ごみが残っており、十分にコンポストになっていないからです。

⑤プスダコタは未熟コンポストを全量買い取り、家庭コンポストに必要なシードコンポストを容器に入れます。

⑥できた未熟コンポストの品質により、その買取り価格に差をつけます。そうすることで主婦は品質を高めようと高倉式コンポスト（家庭用）の使用方法を熟知することになり、トラブル等の発生が少なくなります。

第5節　高倉式コンポスト（家庭用）の流行から定着へ

行政が推奨（SGCキャンペーン）

　私たちはプロジェクトで確立したプスダコタコンポストセンターを市内に拡充し、コンポストの買取りシステムを導入することで、家庭コンポストの取り組みが継続し、その質も一定レベルは維持できると考えました。すなわち、私たちのプロジェクトの成果が活かされ拡大し定着するということです。

　しかし、実際はこのシステムとは違った、いえ、家庭生ごみの減量化・資源化だけでなく、もっと広範囲の環境改善を睨んだシステムがスラバヤ市の提案により導入されることになりました。それは、2006年に美化公園局の局長に女性のリスマさんが就任しことで実現したのです。リスマ局長は生ごみに対し、業務として関心があるというだけでなく、家庭の主婦の視点からも関心を強く持っていました。また、スラバヤ市は街中にごみが溢れるという苦い経験を持っています。

　1990年代のスラバヤ市は素晴らしい景観都市であり、他国からも賞賛を受けるほどでした。しかし、2001年の環境汚染問題を引き金として、カプ

ティ埋め立て処分場が閉鎖され、市内に廃棄物が溢れ、廃棄物管理は制御不能な状態へと陥ってしまったのです。都市を支える廃棄物管理の脆弱性が露呈してしまいました。今も根本的な解決には至っておらず、一歩間違えば、ごみが溢れるという悪夢が再来してしまいます。そのようにならないためにも、まずできるところから手を付けていこう、解決していこうという、リスマ局長は行動型の人でした。すぐに現場に駆け付けることができるようにいつもスニーカーを履いていたことを、私は今も鮮明に覚えています。

　スラバヤ市は都市の環境管理全般（廃棄物管理・環境管理・衛生管理）を改善するために、行政施策として位置づけるキャンペーンとして、Surabaya Green and Clean Campaign（以下 SGCキャンペーン）を2005年から実施しています。キャンペーンの内容は大きく5項目に分かれ、コミュニティ単位で取り組みます。

　①廃棄物管理：ごみの分別・適正処理・コンポスト化・排出量把握
　②リサイクル：資源ごみ回収・販売、小間物制作・販売
　③清潔：通りや側溝の衛生
　④植栽・緑化：景観
　⑤トイレ・バスルームの管理：衛生・デング熱防止

　廃棄物のうち、生ごみは50％以上を占めているので、コンポスト化は主要な廃棄物管理の手段になります。しかし、それを施策として推進するにしても既存のコンポスト技術では十分に対応できずにいました。そこに待ってましたとばかりに高倉式コンポスト（家庭用）が開発され、行政もその使用を推奨することで家庭コンポストが推進される原動力になりました。そして、リスマ局長は就任して間もない2006年6月には、廃棄物管理としてコンポストの導入を条例化しました。このようにスラバヤ市は行政として高倉式コンポスト（家庭用）の使用を推奨して、生ごみをコンポストにするための仕組みをつくったというよりも、都市の環境管理全般の改善を図るために不足していた

資源、また、適正な技術として高倉バスケットを活用しました。待ち望まれていたからこそ、驚くほどのスピードで普及拡大することになりました。

　また、SGCキャンペーンを強力に推進するために、既存のコミュニティ組織を活用して、地域環境リーダーという指導者の育成を図り、2007年から行政組織の一員として彼らの任命が始まりました。彼らの役割は行政の指揮のもと、SGCキャンペーンに参加するコミュニティを増やすことであり、担当地区のコミュニティの環境・衛生について住民へ啓発・指導することです。すなわち、SGCキャンペーンを通じて環境に係る行政施策を組織的に地域密着型で実施することです。また、彼らはコミュニティからの推薦にもとづいて選出されており、その活動はコミュニティの住民がコミュニティの住民へ直接実施する構造となり、人材と時間が限られた行政が実施するよりも親近感が増し、緻密な活動と住民の要望にもフットワークよく応えることができるようになりました。

　このような役割の中に高倉式コンポスト（家庭用）の普及・指導及びフォローアップも含めることで、その普及拡大と継続は確実なものとなり、流行が一過性で終わらず定着することになりました。このようなSGCキャンペーンの実施体制を背景に、行政は高倉式コンポスト（家庭用）の使用を推奨するために無料配布も実施しました。2014年の時点で約25,000セットが配布されました。また、現地の研究者によると2010年には約40,000家庭がこ

主婦が自作したTongkura

れを使用していると報告しています。無料配布数と使用家庭数に差がある
ということは　購入しているということを表しており、その価格は50,000〜
100,000インドネシアルピア（当時500〜1,000円）でした。なぜなら、市民
が高倉式コンポスト（家庭用）に対して持っている評価は、「たった1〜2
週間で良質なコンポストにすることが可能」「コンパクトでスペースも必要な
い・安価で簡単」「取り扱いが簡単・ローエネルギー」「移動が簡単・屋
内で使用できる」「分解が速い・悪臭が無い・安い」など、肯定的に捉え
ているからです。

　さらには、プスダコタが知的所有権を有しているものの、同様の構造で
住民が製作使用することも多く見られました。例えば、竹かご（インドネシア
語でBambu）を材料とするとBambukura、ダンボール（インドネシア語：

緑溢れるコミュニティ

安心して暮らせるコミュニティ

Kardus）からつくるとKarduskura、使用済みペンキの容器（インドネシア語：Tong）を使うとTongkuraと呼ばれています。名称に○○kuraとkuraを付けることで、家庭用コンポスト容器を指すようです。

　SGCキャンペーン参加コミュニティ数は2005年283地域でしたが、地域環境リーダーが2011年には27,000名へと充実することと相まって、同年には2,774地域へと約10倍に増加しています。当然のことながら、このSGCキャンペーン参加コミュニティ数増加に伴って、高倉式コンポスト（家庭用）を使用する家庭が増えました。そして、できあがったコンポストはコミュニティ緑化に使用され、緑豊かな、緑溢れるコミュニティが次々と出現することになりました。

この時、"セレンディピティ"が訪れた

　このように述べると、高倉式コンポスト（家庭用）の普及拡大は、「労せずして得ることができたのではないか」「スラバヤ市の施策に乗っかっただけではないのか」「運が良かったのだ」と思われるかもしれません。私も確かにそうだと思います。私たちは普及拡大に向けたアイデアは提供しましたが、前述したようにもっと狭い範囲での考え方でした。SGCキャンペーンを中心とするシステムにコンポスト技術としては係わったものの、システムづくりに深く係わったわけでもありません。しかし、私としてはこの時、"セレンディピティが訪れた"と強く感じています。

　皆さんはセレンディピティ（Serendipity）いう言葉を聞いたことがありますか。その定義は、東京理科大学宮永教授は"偶然をとらえて幸運に変える力"とし、セレンディピティ研究者の澤泉氏は"偶察力（偶然に際しての察知力で何かを発見する能力）"としています。そして、セレンディピティは万人に平等に現れるといわれています。その代表的な話として、フレミングの抗生物質の発見、アルフレッド・ノーベルのニトログリセリンを珪藻土で安定化したダイナマイトの発明をあげることができます。最近では、ノーベル物

理学賞を授与された小柴教授のニュートリノの発見があります。小柴教授がニュートリノを発見するに当たり、退官する1カ月前に運よく超新星の爆発があり、地球にニュートリノが降り注いだことでそれを検出することができました。このノーベル賞受賞を「小柴教授は運が良かったから」と片付けようとする方々がいました。これに対し、小柴教授が言った言葉が、「ニュートリノは全人類60億人の人々に平等に降り注いだのです。ただし、私はそれを検出するために長年必死になって準備を整えていました。だからこそ検出することができたのです」でした。素晴らしい言葉です。必死になって物事に取り組むことをしない限りは、セレンディピティが目の前を通り過ぎても、それに気づくことはできません。私自身も、まさか遠い異国の地インドネシア国スラバヤ市で、私が開発したコンポスト技術が活用されるとは夢にも思っていませんでした。

　しかし、第1章で述べたように地道に長年、コンポスト技術とその仕組みづくりを研究し実践してきました。思い起こせば、所々で挫折しそうになりましたが、手を差し伸べる方が現れ、差し伸べられた手をチャンスとして握りしめました。異国の地では単なる日本式の技術としてではなく、現地技術として適正化を図ることを念頭に活動し、高倉式コンポスト（家庭用）が完成しました。その完成した時期とリスマさんの美化公園局長就任とが偶然にも重なり、また、つくり上げた技術が運良く現地に待ち望まれていた技術と符合しました。私もセレンディピティをつかみ取ることができたのではないかと感じています。技術者冥利に尽きます。

パテント問題の再燃と石田さんの明答

　ここで高倉式コンポスト（家庭用）のパテント取得の顛末について述べておきます。

　高倉式コンポスト（家庭用）がここまでスラバヤ市内に普及するとは、誰も思っていませんでした。プスダコタが防衛特許と位置付けてそのパテント

を取得することに対し、関係者全員が同意していました。しかし、それを40,000家庭も使っているとなると色んな話が舞い込んできます。

例えばスラバヤ市の開発計画局からは、私たちに対してクレームのような言葉が発せられました。「なぜプスダコタに特許を取らせたのか。スラバヤ市と北九州市とKITAとプスダコタの協力事業ではないのか」と。これに対し石田さんは次のように明確に答えました。「特許の話は以前から説明差し上げている通りで、他が特許を押さえてしまわないため、また偽ものが出回ることを防止するためであり、決してプスダコタに利益を生じさせるためのものではない。安心して欲しい。特許があってもスラバヤ市、プスダコタ、KITAと髙倉氏でMOUを交わして製造できるように美化公園局とも話を進めている」

また、プスダコタはスラバヤ大学を母体とするNGOだったので、スラバヤ大学の弁護士から代表のチャヒョーさんを通じて質問がなされました。「高倉式コンポスト（家庭用）の特許ロイヤリティーについて話をしなくてはならない。大学の弁護士から、特許について他で使用するとなるとロイヤリティーを受け取らなければならないといわれている。特許に対する品質保証もいわれている。これについては、例えば1セット当たりRp3000程度頂き、それをシステムの普及のためや研究のために使っていきたいと考えているがどう思うか」と。これにも、石田さんは次のように明確に答えました。「基本的にロイヤリティーを取るための技術提供ではないことを認識して欲しい。これは以前から話している通りであり、やり方によっては私たちは今後協力できなくなる。要はひとつのNGOに対して利益を生じさせるための技術提供ではない。チャヒョーさんは、広くスラバヤ市のごみ問題解決のための手段として認識しているとは思う。しかしながらこれまで、様々な面で人件費や施設費がかかっているのは理解できる。早く普及させるためのPR費など今後の普及に対して資金を得たいということであれば、品質保証をしていく意味でも製造NGOに対して定期的な検査システムを構築してはどうか。美化公

園局が認めたNGOが製造するといっても、品質が落ちていく可能性がどうしてもある。そうすると市民が最も不利益を被る。したがって定期的な検査システムを構築することで品質を保証できるし、プスダコタとしても技術移転を安心して行えると思う」。これにはチャヒョーさんも理解を示しました。「よく理解できる。またKITAの検査システムについても賛成である。もう一度大学の弁護士とよく相談する。そして美化公園局とも協議をしてMOUを交わしていきたい」

　いやはや、当初は全員が生ごみ問題解決のためとして、利益も何も求めずにミッションと捉えて活動していましたが、利益が生じる可能性が出てきた途端に、外野からいろんなボールが飛んできたようです。パテントを申請する時に"利益を求めるのではなく、防衛特許として申請する"と全員の了承を取り付けておいてよかったと、つくづくと思います。

市場野菜くずのコンポストに挑戦

　スラバヤ市内から発生する生ごみは家庭だけではありません。市場からも大量の野菜くずが発生しています。また、公園や街路樹の剪定くずなど、グリーンウェイストも大量に発生しており、これらもまた良質なコンポストの原料になります。私たちは、腐敗が速く不衛生の原因となりやすい市場ごみのコンポストに取り組みました。ただ、プスダコタコンポストセンターの整備にはプロジェクトの予算を投入できますが、市場の野菜くずを対象としたセンター整備は、さすがに規模が大きく無理があります。そこで、私たちは、この野菜くずをコンポストにする技術の確立を目指しました。

　コンポストセンターの整備や運営は美化公園局の役割です。プスダコタは私たちのサポートをすることで、より深くコンポストに係わる知識・知見と経験を積むことになります。対象とする市場はケプトラン野菜市場です。ここから毎日、野菜くずが60m^3（18t 比重0.3kg/ℓ換算）発生し、埋め立て処分場に搬入されています。市場も不衛生になっています。なぜなら、市場

は夕方から夜間に開催されるのですが、開店前までに店舗で野菜を商品として整えるため、野菜くずが市場内の通路に散乱します。それを買い物客が踏みつけ、野菜くずから汁が滲み出て腐敗が早まってしまい、一種独特の異臭が市場内に漂います。翌朝、市場ごみ清掃スタッフが野菜くずを掃除しますが、ネズミは発生するし、落ちた野菜や滲み出た汁が水路に流れ込んでドブ川のようになっていました。

店舗で野菜を製品として整える

通路で踏みつけられる野菜くず

野菜くずから滲み出た汁の溜まり

ドブ川のような市場横の水路

毎日60m³の野菜くずが埋め立て処分場に搬入される

毎日捨てられる野菜くずでも良質なコンポスト原料

　市場野菜くずの適正なコンポスト技術開発に当たり、まずは、コンポストの基本条件となる野菜くずとシードコンポストの混合比率を確認しました。試験場所はプスダコタコンポストセンターで決まりです。この時のプスダコタチームは、"ツーと言えばカーと鳴く"ごとく、私の言っている意味がすぐに理解でき、また、私が何も言わずとも試験を進めることができるようになっていました。また、当初はできていなかったメモを取る、記録するというルーティ

試験についての打ち合わせ

試験用の野菜くずを搬入

野菜くずとシードコンポストを混合してから破砕

野菜くずとシードコンポストの混合比を様々に設定

記録することは習慣化した

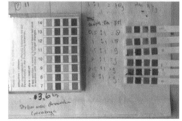

pHの確認

堆積発酵と温度計測 真剣な中でも時には笑いがこぼれる

ンも自然にできるようになりました。まずはコンテナ容器を使って、野菜くずと
シードコンポストの混合比率を様々に設定しました。その後、温度上昇、水
分変化、臭いの様子、pH、野菜くずの分解の程度を確認して最適な混
合比率を求めました。

　次に、得られた混合比率で実際の野菜くずのコンポストに採用する堆積
発酵を行い、混合比率が適切であるか確認します。また、切り返し頻度と
温度上昇などの手順も同時に確立します。作業に当たっては真剣なことは
もちろんですが、楽しくもあり、時には笑いがこぼれるときがありました。全員
が生ごみコンポストを成功させるとの同じ方向を向いており、また、お互いが
信頼し合い、コミュニケーションもばっちりととれていたと思います。

野菜市場横にコンポストセンターを設置

　市場の野菜くずをコンポストにするための条件確認ができたので、市場
横に1日2m^{3}の野菜くずを対象とするコンポストセンターを整備することにしま
した。コンポストセンターの設置に当たり、市場側は悪臭発生を理由に難色
を示しましたが、プスダコタコンポストセンターの事例を説明したり、市場の
買い物客に対する環境啓発効果が高いことを説明し、最終的には了解を
得ることができました。このコンポストセンターの整備と運営費用は、すべて
スラバヤ市側が負担したことは言うまでもありません。

市場横のコンポストセンター

作られてしまったコンクリート枠

堆積発酵の指示を出すアリフさん

温度計測をするバディさん

プスダコタチームが中心になって技術指導

　コンポストセンターを設置する際、雨の侵入を防ぐために屋根と土台を高くし、床面はコンクリートの平打ちで良いと何度も伝えてきました。しかし、できあがったコンポストセンターを確認すると目が点になってしまいました。堆積発酵の山ごとにスペースを明確にするため、しっかりとコンクリート枠をつくっていたのです。確かに見た目は良いかもしれませんが、作業時にスコップが引っかかる、つまづく、枠があると床の使い勝手が悪いなど、作業性が極端に落ちてしまいます。現場知らずとはこのようなことを指すのでしょう。こればかりは申し訳ないとは思いましたが、コンクリート枠をすべて取り払いました。

理にかなった中規模コンポストセンターの展開

　市場横のコンポストセンターを定常運営するまでには、トラブルの発生もあ

りましたが、そのトラブルシューティングや改善を繰り返し無事に軌道に乗せることができました。スラバヤ市側も自信を深め、私たちは大規模コンポストセンターの設置について打診を受けました。私は、コンポストセンターのスタッフが毎日2m³の野菜くずを受け入れ、良質なコンポストにする実績を積んでいるので、規模拡大による60m³程度の野菜くずを処理することはそんなに難しくない、十分可能と判断しました。ただし、人力では限界があるので、重機等の機械導入が必要と考え、大規模コンポストセンターの用地確保と機械の検討に入りました。用地についてはスラバヤ市が所有する土地を見学し、機械については日本で使用されているタイプを調査しました。

　大規模コンポストセンターで機械を導入し、作業スタッフを少なくして効率的、低コストでコンポストに取り組む予定でした。すなわち日本流の考え方です。しかし、リスマ局長からストップがかかり、市内の中規模コンポストセンターを複数箇所整備することになりました。これは現地のインドネシア流です。実はこの地域分散型コンポストセンターの整備は理にかなったことだったのです。まず、生ごみコンポストは待ったなしの状況であり、すぐにでも取り組む必要があります。規模が大きくなることで効率化が図れたとしても、用地整備、進入道路の整備、建物の建設、大型機械の導入となると、予算も含めて時間を要します。また、イニシャルコストも高く多額の予算が必要となります。これに対し、分散型にすることで既存の建物を利用したり、手

コンポストセンター建設用の土地

導入を検討した機械

当できた予算で順に整備することで、例えば今は2m^{3}の生ごみしか処理することができないが、2カ月後には他のコンポストセンターが整備されて+2m^3、さらに+3m^{3}と確実に日を追って処理量を増やすことができます。建物はこぢんまりとし、破砕機だけ導入してすべて手作業にすることで、イニシャルコストを抑えることもできます。そして何にも増して雇用の場が創出されます。スラバヤ市では仕事に就けずに困っている人が多くいたのです。まだまだ良いことがあります。例えば、生ごみは近くのコンポストセンターへ搬入すればよく、わざわざ遠方の大規模コンポストセンターまで運搬する必要はありません。運搬効率やエネルギー効率の面でも優れています。この時にリスマ局長が私たちに言った言葉が忘れられません。

　「実はドイツから埋め立て処分場横にコンポストセンターを整備するという有償援助の申し出を受けました。しかし、私は自分たちの技術でコンポストセンターを整備し運営することができ、しかもコストはドイツが提案した1/5で整備は可能であると判断しました。私はドイツの申し出を断りました。これもお2人のおかげです。ありがとう」

　私はこの話を聞くことができ大変うれしく思いましたし、私の指導したコンポスト技術がプスダコタだけでなく、完全にスラバヤ市に現地技術として定着していると感じました。

　最終的にはスラバヤ市内にコンポストセンター 23カ所・総能力147m^3/日以上が整備されました。ただし、野菜くずを原料とするのではなく、SGCキャンペーンで増えた都市緑化によって大量に発生する剪定枝や落ち葉を対象としています。

　インドネシア国スラバヤ市での私の活動は家庭用コンポストの普及拡大との印象が強いと思うのですが、これまで述べてきたように家庭用コンポストだけでなく中規模コンポストセンターに対応することができる技術として開発し実績を積み重ねてきました。また、日本（北九州市）側からの積極的な働きかけで、家庭用コンポストの普及とともにスラバヤ市内全域でコンポスト

活動が広がり、その活動を通じて大幅な廃棄物埋め立て量削減がなされたと思われているかもしれません。このような捉え方はある意味正解ですが十分ではありません。スラバヤ市側は既にコンポスト活動の有効性を認識し、官民学が家庭用コンポストの普及及びコンポストセンターを運営していました。しかし、既存技術が未熟であったためにコンポスト活動による成果と進展は見られませんでした。そこにパズルが当てはまるように北九州市の技術協力でコンポスト技術の指導を受け、現地に適したコンポスト技術が開発されました。この新しい技術は密かに温めていたSGCキャンペーンの主要な原動力の1つとして活かされ、スラバヤ市が構築したSGCキャンペーンのシステムにより、コンポスト活動の普及拡大と継続がなされています。その結果は、私の現地調査により、スラバヤ市の GRP（域内総生産）当たりの廃棄物発生量は2006年から2014年の間減少傾向を示し、2011 年以降は 60%以上削減して安定化するとともに、2014 年にはさらに削減が進み約 70%の削減が達成されていることが明らかになりました。

　なお、現在は私が開発したコンポスト技術の名称を"高倉式コンポスト（Takakura Composting Method）"として統一しています。

コラム③　現地通訳 フィンサさんの活躍

　海外で活動する時の言葉は英語が基本になります。様々な方々と接するわけですから共通言語としての英語が必要となってきます。ちなみに、私の英語力は“ I can speak English a little.”程度であり、英語が大の苦手です。ごく簡単な意思の疎通程度は図れますが、肝心な部分になってくるとお手上げです。学生時代、また、社会人になってからも、まさか海外で仕事をするとは夢にも思っていませんでした。学生時代は高校・大学と試験の合格点が得られる程度にしか英語と向き合っていませんでした。

　海外協力の業務に携われば携わるほど、基本言語は英語であると痛感しているところです。私も英語が堪能であれば、その英語を駆使しながら、もっともっと効率よくコンポスト技術の指導をすることができるとも思いました。その一方で英語が堪能でなかったことが大きくプラスとして働くこともありました。英語が話すことが苦手なため、身振り手振りだけでなく気持ちを込めて話しかけることが良かったようです。特に現地のコミュニティに入り込む活動では、住民は英語を理解できる人はほとんどおらず、また、理解できたとしても、通訳を介して現地語でやり取りする方が、こちらの意図が正確に伝わりやすいと私は感じています。

　私が現地で活動する場合は、日本語 − 現地語の通訳（interpreter）をお願いしています。高倉式コンポストを開発したのはインドネシア共和国スラバヤ市なので、日本語 − インドネシア語の通訳です。現地では、私は日本語で人々に自分の「想い」を熱く語りかけました。言葉で理解してもらうのではなく、気持ちで理解してもらおうと思ったことが良かったようです。私が何を言っているのか分からないが、「真剣に語っている」「一生懸命になっている」ことだけは理解していただけたようです。

　このときの通訳はinterpreter が重要です。通訳の一番の役割は

「自分の考えを入れずに言葉を正確に訳すこと」だとは思います。しかし、習慣や慣習など物事の捉え方・考え方が全く異なる現地においては、日本人の感覚が通用するとは限りません。いわゆる日本流の感覚での表現では、大きな誤解や感情の行き違いが生じることがあります。特に草の根活動では「如何にして現地に溶け込むか」が大切であり、そして、私たちが現地に取り組む以上に私たちの意を直接的に伝える通訳の方も、現地に溶け込む必要があると思います。

　スラバヤ市で一緒に取り組んだ通訳はフィンサさんという女性の方で、彼女の存在、働きがとても重要な役割を担っており、何回も助けられました。フィンサさんは日本の大学教授に師事し、インドネシアと関係の深い作家「阿部知二」の研究をするスラバヤ大学の日本語を教えている先生です。しかし、最初から日本語－インドネシア語の通訳がスムーズだったわけではありません。私は「これで大丈夫かな」と何回も思ったことがあります。日本語訳が素早く帰ってこなかったり、時には意味不明の訳が度々返ってくることもあり、そのもどかしさから、ついついイライラしてしまい、きつい言葉を返したこともありました。しかし、これを補うのにあまりあることがありました。それは、どのような場面になっても嫌がらずに私たちと一緒になって活動してくれたことです。例えば、私たちが低所得者層のコミュニティで、家庭の生ごみ排出の実態調査をしたことがあります。各家庭を一軒ずつ回り、生ごみの保管の様子、量、種類などを調査するのですが、家庭の主婦からすると、こんな迷惑なことはありませんし、実際に迷惑オーラを発していました。この時、フィンサさんは私たちの意を酌み、私たちの活動がしやすくなるように、また、その場の雰囲気が良くなるように通訳してくれていました。「私たちが何のために日本からスラバヤ市に来たのか」「この生ごみの調査がコミュニティのごみ問題解決に結びつく」などを真剣に、そして冗談を交えながら話していました。そうすることで、コミュニティの住民は私

たちに対して少しずつ心を開き、安心感・信頼感、時には期待感を
持って接してくれるようになりました。そのおかげで、私たちのぶしつけ
な質問にも、友好的に、正直に、ありのままの答えを返してくれました。

　私は現地のカウンターパートであるプスダコタの技術者に対して、私
の持っているコンポストに係わるすべての技術・知見・ノウハウを提供
するつもりであり、彼らもそれらを受け取ろうと接してくれます。しかし、
当初は私たちと彼らとの間でどこまで信頼関係を結ぶことができるのか
は不安でした。この時、フィンサさんがコミュニティのときと同様に彼ら
と接し、彼らはフィンサさんをプスダコタの仲間として受け入れました。こ
れが私たちがプスダコタに受け入れられる一助にもなりました。また、イ
ンドネシアの社会では年長者の言葉には耳を傾けるという姿勢があり
ます。プスダコタは若いスタッフで構成されていたので、最年長者でも
35歳です。フインサさんは40歳、しかもスラバヤ大学の先生ですか
ら尊敬される立場の方だったこともプラスに働きました。高校生の息子
2人のお母さんでもあり、悪いことは悪いとズバッといってくれる良さ、プ
スダコタにとってもお母さんのような存在であったように思います。私たち
が一生懸命に動いているのに、プスダコタのスタッフが少しでもやる気
のない素振りを見せると、私たちに代わって叱ってくれていました。

　この件に対しては次のようなエピソードがあります。

　プスダコタの敷地内で活動を始めた当初のことです。私たちはコミュ
ニティから収集してきた生ごみと発酵菌とを汗だくになりながらかき混ぜ
ていました。生ごみと発酵菌を均一に混合することが良質なコンポスト
を製造する第一歩です。でも、プスダコタのスタッフは座って、ジッとそ
の様子を見ているだけで誰一人として手を出そうとはしませんでした。
私はそれに気づき、「おい、一緒にやろうぜ」と言いたかったのです
が、言葉に出せずじまいでした。私も彼らに注意できるほどコミュニケー
ションが取れていなかったのです。しばらくしてから突然、フィンサさん

121

がインドネシア語で彼らに何か叫んでいました。すると急に全員が作業を手伝い始めました。

　後でその理由を聞きました。「髙倉さんたちが一生懸命作業しているのに、インドネシア人は何もせずに見ているだけです。とても悲しくなり、叱ってしまいました」

　「あなたたちなにをしているの！」

　「わざわざ遠い日本から来てくれている2人が、スラバヤのために一生懸命してくれているのよ！」

　プスダコタのスタッフは、その言葉を素直に受け止めたのです。

　共通言語となる英語をしっかりと身につけることは大切です。しかし、それに頼ってしまい言葉だけでの説明に終わってしまうことはモッタイナイと思います。言葉で分かりやすく説明することは大切ですが、それ以上に自分の想いを相手にぶつけ感じ取っていただくことも必要であると感じました。

第 3 章

海外での技術指導と人づくり

第1節　NGO（プスダコタ）との協働

　高倉式コンポストが生ごみの減量や廃棄物処理にどんなに素晴らしい効力を発揮するものだとしても、それを市民が自分のものとして使いこなし、社会に広く普及浸透させていくことは、開発者側の努力や頑張りだけでは到底かないません。ましてや対象は、言葉も生活文化も異なる海外の都市であり人々です。収穫を得るにはまず肥沃な土地作りから始めねばならないように、コンポスト技術を異国に根づかせるには、まず、新しい技術を正しく理解し、進んで実践してその良さを実証してくれる現地の人々の存在が不可欠です。

　技術の普及はまず、その水先案内人となる現地の人づくりから。高倉式コンポストは、私の知る限りでは現在、世界25カ国で実際に使われていますが、そのためには青年海外協力隊やJICA職員による地道な技術指導、そして、行政当局による地元人材育成の努力が必要でした。本章ではそこにフォーカスしていきたいと思います。

地域環境リーダーの育成

　スラバヤ市は、都市の環境管理全般（廃棄物管理・環境管理・衛生管理）を改善するために、行政施策として「SGCキャンペーン／ Surabaya Green and Clean Campaign」を2005年から実施しています。小さなコミュニティ単位で活動するこのキャンペーンを推進するのが「地域環境リーダー」の役割で、美化公園局は地域環境リーダーを積極的に育成することになりました。（図にスラバヤ市のコミュニティ組織図を示します）。

　SGCキャンペーンは、RTと呼ばれる小さなコミュニティ単位で実施されます。RT は住民活動の中心となる単位で、このRT から地域環境リーダーが推薦により選出され、これをスラバヤ市が任命。彼らは自分のRT 内で活動します。さらに、実績を積んだ地域環境リーダーから「環境ファシリテーター」が選出・育成され、自ら活動するかたわら広範囲の地域環境リー

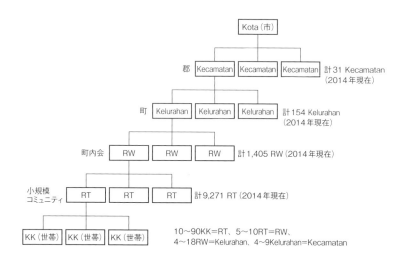

```
                    ┌──────────┐
                    │ Kota（市）│
                    └─────┬────┘
          ┌───────────────┼───────────────┐
      郡 ┌──────────┐┌──────────┐┌──────────┐  計31 Kecamatan
         │Kecamatan ││Kecamatan ││Kecamatan │  （2014年現在）
         └─────┬────┘└──────────┘└──────────┘
          ┌────┼────────────┬──────────┐
      町 ┌─────────┐┌─────────┐┌─────────┐  計154 Kelurahan
         │Kelurahan││Kelurahan││Kelurahan│  （2014年現在）
         └────┬────┘└─────────┘└─────────┘
       ┌──────┼────────┬──────────┐
 町内会 ┌────┐┌────┐┌────┐  計1,405 RW（2014年現在）
        │ RW ││ RW ││ RW │
        └──┬─┘└────┘└────┘
     ┌─────┼──────┬───────┐
小規模 ┌────┐┌────┐┌────┐  計9,271 RT（2014年現在）
コミュニティ│ RT ││ RT ││ RT │
        └─┬──┘└────┘└────┘
    ┌─────┼──────┬──────┐
┌────────┐┌────────┐┌────────┐  10〜90KK=RT、5〜10RT=RW、
│KK（世帯）││KK（世帯）││KK（世帯）│  4〜18RW=Kelurahan、4〜9Kelurahan=Kecamatan
└────────┘└────────┘└────────┘
```

ダーの管理や指導を行います。彼らの役割は、行政指揮のもと、SGCキャンペーン等の環境管理に係る行政施策を組織的に地域密着型で実施すること。住民が住民へ直接実施するため、行政が実施するよりも親近感があり、緻密な活動と住民の要望にもフットワークよく応えることができます。地域環境リーダー等に任命されることは、彼らが社会的に高いステータスを得ること。少しですが報酬も支給されます。この地域環境リーダー等の選出や任命には、婦人会が深く関わりました。

　地域環境リーダーの任命は2007年から始まり、2008年に急激に充足数を増やしています。その背景にはキャンペーンの積極的推進があったと考えられます。私が2015年に実施した現地調査では、スラバヤ市の人口312万人、コミュニティ数9,271 RTに対し、29,000名もの地域環境リーダーが任命されています。平均すると1つのRTに3名。1人の地域環境リーダーは約110人の住民を受け持って活動していたことになります。

　地域環境リーダーは、自分のRTで地域密着型の環境管理改善活動を推進し、その中には「高倉式コンポスト（家庭用）」の使用の推奨と、継

表1　SGCキャンペーン等へのコミュニティ参加数

	2005年	2006年	2007年	2008年	2009年	2010年	2011年	2012年	2013年	2014年
SGC参加コミュニティ(回)	325	283	335	1,797	1,942	2,774	2,182	1,000※	978	1,016
MDS参加コミュニティ(回)	—	—	データ消失	データ消失	実施せず	実施せず	1,724	272	376	418
参加累計数(回)	325	608	943	2,740	4,682	7,459	11,362	12,634	13,988	15,422

MDS はSGCを簡略化した入門編のキャンペーン　　　　　　　　　※2012 年はデータ紛失のため推計数

表2　地域環境リーダー及び環境ファシリテーター数

	2007年	2008年	2009年	2010年	2011年	2012年	2013年	2014年
地域環境リーダー総数(名)	5,684	23,195	26,744	27,000	27,000	28,000	28,600	29,000
増加数(名)	5,684	17,511	3,549	256	0	1,000	600	400
環境ファシリテーター総数(名)	—	—	—	402	420	450	512	394
増加数(名)	—	—	—	402	18	30	62	▲118

2014 年環境ファシリテーターの削減は、能力の向上と経験の蓄積から任命数が過剰であると判断したものと推察

続して使用するために必要なフォローアップが含まれました。家庭用コンポストの普及数が増えれば増えるほど、そのフォローアップ箇所も増えます。1,000世帯が家庭用コンポストに取り組めば1,000カ所のフォローアップポイント、10,000世帯であれば、10,000カ所のフォローアップポイントが生まれます。このように増加するフォローアップポイントには、SGCキャンペーンの仕組みを利用して対応していきました。なお、地域環境リーダーに対する高倉式コンポスト（家庭用）に係わる事項の指導はプスダコタが担い、後にベテランの地域環境リーダーや環境ファシリテーターへと引き継がれました。

社会実装とイノベーション（社会変革）

「社会実装」という言葉を最近よく耳にします。科学技術に係わる助成金申請時の案件募集時には、その要領書に必ずといっていいほどこの言葉が盛り込まれていますが、社会実装の定義については何も書かれていな

いことも多いようです。この言葉を理解している人が応募すべきであるとの前提に立っているのか、科学技術の世界では周知の言葉として取り扱われているのでしょう。しかし、これは比較的新しい言葉です。ここではまず、私が捉えている社会実装の意味を説明したいと思います。

　科学技術振興機構の研究提案公募の中にその意味が説明されています。「社会実装／具体的な研究成果の社会還元。研究の結果得られた新たな知見や技術が、将来製品化され市場に普及する、あるいは行政サービスに反映されることにより社会や経済に便益をもたらすこと」。社会的課題の解決に向け研究し、社会に還元することをいいます。

　スラバヤ市でコンポスト活動を行うに当たり、私は、「イノベーションを創出するんだ」という意気込みも持っていました。コンポスト技術としてのイノベーションではなく、社会変革としてのイノベーションです。廃棄物問題という社会的課題の解決に必要とされる技術や仕組みを開発したいと考えていたのです。その当時は社会実装の概念を知る由もなく、イノベーションを目指すんだとの考えでしたが、両者には"社会的課題の解決"という共通項があります。私は知らず知らずのうちに、また結果的には、コンポストの社会実装に取り組んでいたのでしょう。

　スラバヤ市でのコンポスト技術開発に当たり、私は、「現地で開発した技術が現地で根付き、取り組みが容易に継続でき、さらに地域技術として自立的に発展（普及拡大）できること」を念頭に置きました。そして、電力供給の不安定さ、イニシャルコスト・ランニングコストのバランス、労働力の豊富さ等から人力中心の技術とし、目指すべきコンポスト技術の開発コンセプトを次のように考えました。

　①ローエネルギー・ローコスト・シンプルテクノロジーであること
　②地域の気候風土・習慣を考慮すること
　③地域で調達することができる材料を使用すること
　④化学物質を極力使用しないこと

⑤自らが応用・改善できる基礎が理解できること

⑥提供する技術・ノウハウは営利ではなく社会還元すること

⑦市民・行政・NGOが協働できるシステムを構築すること

この開発方針が、スラバヤ市の要求している技術とマッチングしたのだと考えられます。今から思い起こせば、生ごみコンポストに係わる技術と仕組みを研究したいと思い立ち、様々な方々から情報を入手しました。その中で、ある大学の教授からは、「コンポストをテーマとする研究は過去の物であり、新規性は無い」とのアドバイスを受けました。実際、私がやりたかったのは、大学のような先端的な、革新的な技術開発ではなく、既存の技術を活かした仕組みづくりも含めて研究に取り組むということでした。また、既に過去の研究テーマであれば、文献、書籍、ウェブサイトなど様々な情報を入手しやすいというメリットもありました。

私がインドネシア国スラバヤ市で開発したコンポスト技術 高倉式コンポスト（Takakura Composting Method）は、都市の環境管理全般（廃棄物管理・環境管理・衛生管理）を改善するために待ち望まれていた技術であり、社会を変革するための1つの技術として社会実装されました。家庭用コンポストが使用されることで、コミュニティは衛生的で緑溢れる姿へと次々と生まれ変わりました。さらには、公園・街路樹等の落ち葉や剪定枝を対象とする分散型コンポストセンターを市内23カ所に整備することで、都市緑化が推進・維持されました。それらの結果、スラバヤ市は衛生的で緑溢れる都市へと変貌を遂げました。

今、私が感じているイノベーションとは、「社会課題を解決するために技術を用いて世界を変えていく」ことであり、その技術が古くても新しくても関係ありません。社会にどのようにして実装されるかが大きなポイントです。そして、イノベーションのプロセスを前に進める、社会実装するためには、単なる技術の提供だけでなくそれらを成し遂げるために必要な能力をもってい

衛生的で緑溢れるRW-1

衛生的で緑溢れるRW-2

衛生的で緑溢れるRT-1

衛生的で緑溢れるRT-2

整備されたコンポストセンター-1

整備されたコンポストセンター-2

都市緑化(公園)-1

都市緑化(道路)-2

る人々と協力することが必須であり、共通の目標に向かったチームワークの構築が重要である、と強く感じています。

社会の変容とともに

日本のごみ処理の歴史を振り返ると、1800年代後半から1900年代前半までは行政によるごみ処理サービスはなく、ごみ排出者による自己処理が基本でした。そのため、生ごみは庭に埋めたり、ごみ処理業者にお金を払って処理を依頼したりしていました。生ごみの発生量が多くなると個人の負担も大きくなり食品ロスの低減に努めるなど生ごみ発生量は少なくなるように管理していたことが推測されます。しかし、路傍や空き地にごみが投棄され不衛生な状態で堆積されていることが問題となり、また、経済発展と人口増によりごみが急増し不法投棄が横行していました。そのため、1954年に「清掃法」を制定し、国・地方行政・住民の責務と義務を定め、行政によるごみ処理サービスがスタートしました。その結果、住民の意識は自己責任によるごみ処理から、単なるごみ出しに移ってしまったのです。しかも、当時の社会は経済成長を鼓舞し、政府も「消費は美徳」として使い捨てを奨励していました。その後、時代の移り変わりとともに「3R」の重要性が叫ばれ、リデュースとリユースを優先的に取り組み、どうしても出てしまうごみはリサイクルする、ものによってはリサイクルできない原材料は使用しないサーキュラーエコノミーによるごみゼロの達成を目指すまでに社会は変容しています。家庭でも分別による資源回収を推進しており、市民は資源ごみを分別して指定された日時・場所に持っていき、資源回収できないごみは不燃物または燃えるごみとして分別して指定された日時・場所にごみ出しします。これを俯瞰的に眺めると市民はリサイクルのための資源回収に協力をしてはいますが、両者は全く同じ行為をしていることになり、肝心のリサイクルの部分にはノータッチです。これに対して、家庭で取り組む生ごみコンポストはごみの発生〜分別〜リサイクル（コンポスト）〜コンポストの使用まで

の一連のリサイクルを自己完結することができます。コンポストを野菜作りに使用すれば、市民の手でリサイクルすることができる唯一の方法が生ごみコンポストであるといえるでしょう。

　このように市民が自己完結することができる家庭用コンポストの取り組みが、北九州市のインドネシア国スラバヤ市に対する海外協力として高倉式コンポストが確立して普及・拡大し、その仕組みが北九州市に逆移転され、北九州市の実情に合わせてモディファイされ、行政施策として市民との協働の下、普及・拡大しているところです。北九州市には地域の自主的・主体的な地域づくり・まちづくり活動の拠点施設として市民センターが整備されており、高倉式コンポストの普及は講座形式による市民センター単位で実施されており、地域の連携を深めることにも寄与しています。また、家庭用コンポストの普及・啓発とそのフォローアップは、北九州市が主催する生ごみコンポストアドバイザー養成講座を修了した市民ボランティア（2011年スタート・70名以上）を組織化した北九州市コンポストアドバイザーの会が当たっています。このように市民と行政の協働した生ごみの減量化（食品ロス削減含む）・資源化が市民レベルで継続的に実施されており、当会の活動が認められ2020年12月に循環型社会形成推進功労者環境大臣表彰を受けました。ちなみに、生ごみコンポストアドバイザーの養成には私も深く係わっているところです。

　北九州市での高倉式コンポストの展開は行政主導ではありましたが、コンポストアドバイザーという人材育成を充実させつつ、活動の主体を市民ボランティアへと徐々に移行し、生活に密着する廃棄物管理を行政と市民の協働で成す仕組みを構築し運用しています。しかし、このような意識を開発途上国の行政システムに当てはめてみると、その醸成がなされているケースは稀ではないでしょうか。開発途上国では地縁に基づく相互関係により、生活圏とでもいえるコミュニティの地域性を形づくっていました。ところが、地域からの人口の流入、情報化の進展、個人の帰属意識の希薄化

などから、コミュニティを支えていた地縁による相互関係は、先進国が経験してきたようにその意味をなさなくなりつつあるように感じています。これを補うものとして行政と市民の協働に期待するところが大きいと考えています。現在、私はJICA九州の海外協力プロジェクトとしてカンボジア国プノンペン都の廃棄物管理改善事業（コンポストは対象外）に携わっており、行政と市民の協働の構築と運用に腐心し、その結果、劇的と思えるほどの改善成果から地域社会の様相もより良き方向へ変わりつつあります。このとき、北九州市での活動の経験が間違いなく活かすことができたと思っています。

草の根活動は協働が基本

　人材育成はOJTとOff-JTのどちらであっても、指導する側と指導を受ける側、上司と部下、講師と受講者というように、当事者間には必ず上下関係があります。一方、私たちの活動は草の根活動による技術協力であり、基本は協働です。しかし残念なことに、この協働が抜け落ちている、もしくは稀薄なケースを見受けることがあります。協働とは、お互いが対等な立場で活動することであり、役割としては自分が得意とする部分を担い、共通の目的に向かって知恵を出し合い、より良いものをつくり上げることです。

　私はコンポストについての様々な経験だけでなく、多くの知識・知見・ノウハウを有しています。NGOも同様にコンポストの経験・知識・知見・ノウハウを有していますが、私と比較すると不足する部分も多いのです。このような場面で、もし私が技術指導者として一方的にNGOに技術指導し、NGOは必死になってメモを取り、言われたことを実施したのなら、これは協働ではありません。それぞれの立場に上下関係ができあがっています。現地に適したより良いコンポスト技術を開発するには、お互いがアイデアを出し合うことが必要です。私は現地の気候・風土・習慣についてはよく知らないので、結果的に現地にそぐわない指導をしてしまうこともあるでしょう。そのようにならないためには、現地のNGOのアイデアを優先し、それを修正する

ことが必要となります。前にも述べましたが、私は日本人として思考するので、いわゆる日本流のアイデアとなります。しかし、実施する場はインドネシアです。日本流で素晴らしい効果を出すこともあれば、全く通用しないこともあります。それを解消するためには現地のインドネシア流の思考が必ず必要なのではないでしょうか。

　繰り返しますが、草の根活動は協働が基本です。プスダコタとの活動において、彼らは、実験の基礎から学ぶ必要がありました。ところが、打ち合わせをしても誰一人としてメモを取りませんでした。口頭での受け答えだけです。メモをとる必要性を説いても面倒くさいという気持ちがありありと伝わってきました。しかし、必要なものは必要で、日本流もインドネシア流もありません。次に、実験の手順として実験計画を立て、全員で情報共有しました。この時、何のための実験であるか全員が理解するように努め、タイムスケジュールも明確にしました。また、データのとり方も学ぶ必要がありました。私はこれらをOJTとして指導しました。

　市場の野菜くずをコンポストにするための最適な条件を求める実験をしたときのこと、コンポストの温度について1時間ごとの連続したデータを取る必要が出てきました。彼らはコンポストの温度がどのように変化するのか、よく知らなかったのです。私は、実体験し理解する良いチャンスだと思い、彼らに現場に張り付かせ、棒状温度計で温度データを計測することにしました。交代で休憩を取りながらの48時間作業です。深夜作業も入るので安全対策上、事件・事故が起こった場合の緊急連絡先として、警察の番号も壁に貼り付けることにしました。「警察の電話番号は何番ですか？」と聞いても、彼らは顔を見合わせるだけで誰も答えません。警察の緊急番号を誰も知らなかったのです。「大事なことだから調べてください」「いや、必要ない」「大きな声を出せば、近所の人が来てくれる。絶対に大丈夫です」「警察に通報するよりも、よっぽど早い」との意見でした。

インドネシアのゴム時間

　NGOだけでなく、インドネシアの方と打ち合わせや会議をするときに、私たちを困らせることがありました。集合時間に関することです。「明日は午前10時から打ち合わせをします」と、関係者全員に周知したとします。翌朝10時に打ち合わせ場所に行くと誰もいません。「あれ、おかしいな。時間を間違えたかな。それとも連絡が上手くいっていないのかも…」。でも、目の前で直接口頭で伝えたスタッフもいたので、時間を間違えるということは絶対にありえません。10分か15分経つと1人2人と集まってきて、30分経つと半分程度集まったかなという感じ。全員そろって会議がスタートできるのは良くて1時間遅れです。これが何回も続きました。

　「これをインドネシアのゴム時間というんですよ」――通訳のフィンサさんが教えてくれました。スタート時間がゴムのように伸びます。そして、「それを見込んで私たちも10時スタートなら11時に行けばいいのです」とアドバイスをくれました。私は、「これがインドネシアの習慣だ、インドネシア流だ」と考えるようにしましたが、決められた時間にスタートすることは当たり前のこと。現に、遅れはしたものの10分遅れで来ているインドネシア人もいるのです。私は中学生の教諭が全体朝礼でよく言っていた言葉を思い出しました。

　「全校生徒が450人いる。君は5分だけしか遅れていないと思っているかもしれないが、全校生徒450人×5分の莫大な時間の無駄を与えたことに気付かないのか。ここに立って全員に謝りなさい」。確かに日本人は定刻にこだわりすぎる、時間に細かいといわれます。しかし、通訳と話し合った結果、「ここは日本流で間違いない。日本流を押し付けても構わない」と、対処の仕方を改めることにしました。それ以来、必ず、10時スタートなら10時前に、14時スタートなら14時前に席に着き、会議が始まるのを待つようにしました。そうすると、少しずつですが定刻に集まる人が増え、最後には定刻にスタートすることができるようになりました。遅れてくると恥ずかしそうな顔で会議に参加する人も。あとでインドネシア人に聞いてみると、ほとんどの人

が遅れてくることはおかしい、会議は定刻にスタートすべきだと思っていたようです。

このように、人材育成を効果的に実施するためにはコミュニケーションをしっかりとる必要があります。たとえセミナーという短時間の研修であっても、私の言葉を先入観なくすんなりと受け止めて欲しいからです。綺麗ごとを言っているように聞こえるかもしれませんが、私は、「提供する技術・ノウハウは営利ではなく社会還元」と考えています。インドネシアでは多くの方々が家庭用コンポスト「高倉式コンポスト（家庭用）」を使用するようになりました。中には私に対し、「当然、あなたはパテントを取ったのですよね。いくら儲かったの？」と聞いてくる人もいます。パテントはプスダコタが防衛特許の位置付けで取得し、パテントは私ではなくNGOが取ったことを告げると、一様に不思議そうな顔をされます。

同じ釜の飯を食おう

私たちの活動拠点はプスダコタであり、いつも昼食は車座になってスタッフ全員でとりました。時には、楽しさを入れることで理解が進みます。一緒になって食事をし、食後の時間を使って歌ったり、踊ったり、日本の童話を紹介したりと、彼らのリクエストに応えたりもしました。同じ釜の飯を食うことで互いの距離が縮まるのは、世界中、どこでも同じようです。そのとき、彼らから五輪真弓の「心の友」を歌って欲しいとのリクエストがありました。五輪真弓は私の世代では有名なシンガーソングライターですが、「心の友」は聞いたことがありません。日本では「恋人よ」が彼女の一番有名な歌だからと歌い始めましたが、即座に却下されてしまいました。なぜかどこへ行っても、五輪真弓の「心の友」をリクエストされたことを思い出します。

さて、話を戻しましょう。コンポストの温度は60℃以上に上げる必要があります。これはコンポストの原料に混入してしまった不衛生な菌類や寄生虫、そして雑草種子を死滅させたり不活性化させるために必要なプロセスで、

衛生的なコンポストづくりには必須の要件です。このことを理解するためにコンポストを利用して温泉卵をつくりました。しかしここで、温泉卵だけをつくったのでは面白くありません。いつもお昼ご飯を頂いているので、日本式のカレーライスを振舞うことにしました。宗教的なこともあるので通訳のフィンサさんに同行をお願いし、食材を調達。スーパーマーケットで、日本式のカレールーで豚のエキスが入っていないものが手に入ったので、それを使用しまし

人参の皮をむく

牛肉を切り分ける

食材を炒める

温泉卵をつくる準備

温泉卵のできあがり

日本式のカレーのできあがり

た。私たちだけでなくプスダコタのスタッフもカレー作りに参加し、ここでも料理の協働作業になりました。日本式のカレーと温泉卵が無事できたのですが、温泉卵を食べたのは、結局は私と石田さんの2人だけで、カレーライスに入れて美味しく食べました。皆さん初めてのことだったので敬遠したようです。私は、「もっとチャレンジ精神があってもいいのに」と思いました。

活用すべきはOJT

さて、コンポスト技術者及び「高倉式コンポスト（家庭用）」のメンテナンスに関する人材は、主にはプスダコタスタッフを対象に育成し、彼らが行政職員や他のNGO、婦人会などを指導する方法を取りました。私の現地渡航と講習会のタイミングが合う時は、私も講師として加わることはありましたが、それはレアケースでした。

技術指導は主にOJTで行いました。机上でコンポスト技術の理論をこと細かく説明しても、あまり頭に入りません。それより実際に起きていること、生ごみの色、臭い、温度、手触りなどから得られる情報が多いので、五感で感じ取ることが大切です。例えば家庭の主婦が実施している高倉式コンポスト（家庭用）の状態が悪いとします。その場合はまず、水分状況を確認し、次に生ごみの分解の程度を目視、臭いを嗅ぐ、手触りと順番に実施します。そして最後に主婦から、処理している生ごみの量、種類、大きさ、そして状況の変化に気付いた時期などを聞き取ります。この時、決して否定的な言葉は投げかけません。主婦はコンポストを続けたいから相談してきたのであって、止めるのなら相談することはありません。心配そうに見ている主婦に対し「生ごみが多すぎるからいけないのです」とか、「どうして、こんなに状態が悪くなるまで連絡しなかったのですか」などネガティブな言葉は禁句です。

また、コンポストセンターの堆積発酵の試験でも、温度の取り方には正しい手順というものがあります。棒状温度計を使うのですが、すぐに温度が上

がり計測できると勘違いしている人がいます。棒状温度計を差し込んでか
ら数分経って、温度変化が無いことを確認してから読み取ります。そして、
1カ所だけでなく10カ所計測し、差し込む深さも温度計が見えなくなるまで入
れることです。化学の実験で、沸騰水の温度を棒状温度計で計測したこ
とがあると思います。温度計の取扱い方法をご存知ですか。沸騰水に温
度計の赤い液溜まりを入れて100℃になるまで待ちます。水は100℃で沸騰

Keranjang Takakuraのメンテナンス

コンポストの温度データ取り

コンポストの内部について説明

発酵菌の採取の場所と方法

Keranjang Takakuraの人材育成

講習修了証の授与

するということを理科の授業で習い知っているので、100℃になるまで待ちます。待ちます。まだ、待ちます。しかし、待っても待っても温度計は100℃を指しません。これは温度計がおかしいのではなく、温度計の取扱い方法が間違っているのです。温度計が指す部分は計測する対象にすべて浸かっている必要があります。この沸騰水の場合、温度計が空気と触れている部分が冷えてしまい100℃を指さなかったのです。この時、温度計全体を沸騰水の中に入れていたら100℃を指します。このように、机上で習ったことが正しいと思っていても、正確な情報がすべて伝わっていなかったために勘違いすることがよくあります。OJTをすることでそれを是正することができます。特にお互いが使用している言語がネイティブでなかったり、通訳が入ることで情報の伝わり方が不十分になりがちなので、OJTを積極的に活用す

率先して手本を見せる

一緒になって汗をかく

お昼のひと時

一緒に歌う　チャヒョーさん　アリフさん　髙倉

る必要があると感じています。

　また、作業に当たっては、私たちは言葉だけでなく行動で示します。人を動かすコーチングの名言でもある「やってみせ、言って聞かせて、させてみて、ほめてやらねば、人は動かじ」（連合艦隊司令長官山本五十六）が大切。私は一緒になって現場で汗をかき、同じ釜の飯を食うことで、机上学習以上に伝わることは多いと思っています。

　私にとってこのプロジェクトの最後の渡航時となった2006年12月、プスダコタの代表のチャヒョーさんからお礼の言葉をかけられました。「ありがとうございました。とても感謝しています。あなたたちから、コンポスト技術だけでなく、仕事の仕方・取り組む姿勢、時間管理など、私たちが大きく飛躍することができる様々なことを学ぶことができました」――私にとってはすべての苦労を忘れさせてくれる最高の言葉になりました。彼らとともに汗を一杯かいて良かったと心底思いました。

第2節　青年海外協力隊員（環境教育）との出会い

廃棄物管理改善のための有効なツール

　JICA青年海外協力隊が初めて私のコンポスト研修に参加したのは2009年でした。このときは、あくまでも海外から来たJICA研修員向けのコンポスト研修であり、協力隊員のために実施はしていませんでした。高倉式コンポストは2005年から、JICA九州が実施する海外向けの廃棄物管理分野の本邦研修に導入されていました。帰国後に実践するためのアクションプランに盛り込むなど、研修員からある程度の評価を受けていました。国に戻って廃棄物管理改善を実施するうえで、実践的で取り入れやすいコンポスト技術だと考えたと思います。研修員がアクションプランに取り入れたのは、発展途上国のインドネシア国スラバヤ市で普及したことが関係していると思います。日本で広く普及する技術であったなら、「日本だからできた」と捉えたことに対し、「インドネシアでできるなら、自国でもできる」と考えたの

だと思います。このように海外研修員の受けが良く、コンポスト研修は5年程度続いたので、当時のJICA九州の研修担当課長の富安さんが、青年海外協力隊員（以下「環境教育隊員」）にとっても廃棄物管理改善のための有効なツールになると考え、JICA本部の事務局につながれたのだと思います。そのあたりの詳細はよく知らないので、あくまで私が聞いて覚えている範囲内のことになります。

　2009年9月27日に実施したコンポスト研修が、環境教育隊員に向けた第1回目の高倉式コンポスト研修となりました。いわゆるお試しの研修という感じです。その時はタイなどの海外研修員7名に対し、環境教育隊員9名（マレーシア、インドネシア、ヨルダン、ジャマイカ、チリ、コスタリカ、セントビンセント等）＋関係者5名での研修となり、海外研修員にとっては少し雰囲気の違う研修であったと思います。環境教育隊員にとっても、日本語から英語の通訳が入るワンクッションおいた講義となり、また彼らはオブザーバー的な参加であったために、積極的に質問したくてもできないもどかしさがあったと思います。

　ここでは、高倉式コンポストという技術に触れたというより、環境教育隊員として現地で活動するために必要なことのヒントを得たのではないかと思います。確かに、スラバヤ市で自立的に普及展開できたので、現地で取り入れやすく、失敗の少ない確実な技術であったことは間違いないと自負してい

左手前側海外研修生6名

環境教育隊員関係者14名

ます。その一方で、現地に受け入れてもらえるよう、草の根活動としても精力的に普及に取り組みました。廃棄物管理改善に係わる啓発活動がそれに当たり、草の根としての位置づけを明確に持っていなかったとしたなら、高倉式コンポストが現地に受け入れてもらえるまでにもっと多くの時間がかかったと思いますし、場合によっては受けいれられることなく、単なるモデルプロジェクトで終わっていたかもしれません。

楽しく学べる講義にしたい

　様々な方が技術に納得し受け入れるためには、参加者が理解できる講義を準備することが必要であると同時に、プレゼンテーションや実技も含め、参加者目線での研修となっていることが重要です。私が研修時に特に配慮することは、参加者の様子にしっかりと目配せすることです。参加者の経歴は様々であり、コンポストの技術を良く知っているとは限りません。その逆で、コンポストの経験を持つと同時に技術に詳しい方もいます。私は今でも、この両者を飽きさせずに講義を聴いてもらうことに腐心しています。例えば、難しい言葉で話してしまい理解できないと感じたら、違う言葉で言い直します。分かりにくい時は図を描きながら説明するだけでなく、身振り手振りを交えることも必要です。さらには、笑顔を交えた、いえ、笑顔だけでなく爆笑を交えた研修も必要だと考えています。講義は真剣なだけでは駄目です。楽しく学べる講義ができてこその研修であるとも思っています。

　過日、JICA九州の海外研修員向けのリモート研修資料を作成する機会があり、それを利用して新たに私のプロフィールを作成しました。内容は次の通りです。≪私は髙倉弘二です。出身地は日本国・兵庫県です。関西と呼ばれる地域で、その地域の人々のキャラクターは、基本的にはコメディアンです。日常生活に笑いを求め、毎日寝る前の今日一日の振り返りとして、どれだけ笑いがあったかで今日は良かった日または悪かった日と判断

しています≫ そうです、仕事というものは、自分が楽しく取り組まないとしんど
いばかりです。相手がいるのなら、その相手とも一緒になって楽しみながら
取り組む、私はこれが草の根活動の原点であると確信しています。少し、
いえ、大幅に本題からずれているようですが、私が環境教育隊員と波長が
合うというか、どうして笑いを取るということに重要性を見出しているか述べ
てみたいと思います。

関西人の血

　私は高校生まではごく普通の関西人でした。ごく普通の関西人といって
も、幼き頃は毎週土曜日の午後は吉本新喜劇を見るということが日課だっ
たので、誰もが"ボケとツッコミ"はしっかりと持っていました。私はコンポス
ト関係とは全く別の業務で、電源開発株式会社 JPOWERが主催するエ
ネルギーと環境について学習する「エコ×エネ体験プロジェクト」の運営に
係わっていました。小学生親子単位で参加し、私が説明した後、親子で
実験をするのです。あるとき、大阪から参加している参加者の子供がペット
ボトルの実験器具をもってボケました。するとお父さんがすかさず、「なんで
やねん」と言いつつ左手で子供の胸を軽く叩く、これがごく普通の関西人
です。

　今から40年以上前ですが、私は大学に入ってから、姫路キャンプカウン
セラーズクラブという同好会に入部しました。それは至極まじめな同好会
で、姫路市の教育キャンプ場を拠点とし、青少年の健全な育成を目的とす
るキャンプリーダーに取り組んでいました。簡単にいうとキャンプのお兄さん
です（当時は若かったので）。1泊2日の日程で子供たちがキャンプを通じて
自然と親しんだり、キャンプファイヤーや飯ごう炊さんを楽しんだりして、グ
ループ単位で規律正しくキャンプ生活を楽しみます。この時のキャンプリー
ダーの役割は、子供たちに笑顔とともに帰路につかせることでした。大学生
といえども10歳以上の年の開きがあるので、初対面で子供たちは緊張して

います。私たちには1泊2日の時間しか与えられていないので、すぐに心が打ちとけ合うようにコミュニケーションをしっかり図る必要があります。自然観察、ゲーム、飯ごう炊さん、テント張りなどすべての活動は、子供たち中心で主体的に行い、私たちはそれをサポートするだけ。キャンプリーダーは子供たちに分かりやすく説明するため、言葉を選んだり身振り手振りを交えたりします。この時忘れてはならないのが笑顔であり、時には爆笑も必要です。私は入部当時は上手くグループ運営ができませんでしたが、先輩の様子や指導を受ける（反省会と称して午後10時から12時の間開催）ことで、その要領、塩梅が分かってきました。このように、いかにして子供たちに「楽しかった」「面白かった」「来てよかった」などのポジティブなお土産を持って帰ってもらうかを真剣に考え、腐心する大学時代を3年以上経験しました。これが私の研修スタイル、また、草の根活動のベースになっています。

　このようなことを環境教育隊員に講義するわけではありませんが、研修を通じて少しでも伝えたいと思いました。ある時、海外向けのコンポスト研修に環境教育技術顧問の三好先生がオブザーバーとして参加されました。三好先生は、環境教育隊員の赴任先で高倉式コンポストが生ごみ問題解決の1つのツールとして活用できる可能性を感じたのだと思います。研修が終わった後、次のように述べられました。「私はコンポストについて良く分からないと思っていましたが、この講義では順序だってしっかりと分かりやすく説明しており、私はストンと腑に落ちました。また、単なる講義だけでなく、実験や実技も取り入れることで分かりやすくなり、現地の物を使用する点も含め、環境教育としての伝え方も素晴らしいと思います」。私はこの言葉を感慨深く聞き、今でもはっきりと覚えています。

　高倉式コンポストは、2010年10月には派遣前の技術補完研修に正式導入され、その後、少しずつですが研修を重ねるごとにブラッシュアップしてきました。2011年2月には、任地で実践する環境教育隊員からの質問を『高倉式コンポストQ&A集』に整理。JICA九州のウェブサイトにアクセス

することで、コンポストに係わる疑問を簡単に解消できるように整備しました。また、同時期にコンポスト研修内容を「生ごみ減量化のすすめ」として映像教材に。現在、この映像は日本語、英語、スペイン語、シンハラ語、タミル語の5言語に翻訳されています。

第3節　青年海外協力隊員と高倉式コンポスト

技術補完研修の一環

では、環境教育隊員は高倉式コンポストをどのように位置づけていたのでしょうか。私は次のように捉えています。

環境教育と一言でいっても、そこには様々なテーマが含まれます。大気汚染、水質汚濁、不適切な廃棄物処理、廃棄物量の増大、土壌汚染、地球温暖化、海洋汚染、自然環境の破壊、森林伐採、自然への畏怖感の低下など、広範囲に及びます。環境教育隊員は事前の技術補完研修を受けて任地に入り、自分の得意とする分野、自分がやってみたいと思う分野、現地のニーズに合わせた分野などに取り組むことになりますが、ここで壁にぶち当たるのではないでしょうか。それは、環境教育や啓発活動だけで終わってしまい、肝心の具体的な成果が見えてこないということです。どのテーマであっても、住民が取り組んだ環境改善行動が何らかの成果として形にならないと、人々は取り組みそのものに疑問を持ってしまい、行動を途中で止めてしまうのではないでしょうか。また、現在実施している行動の環境負荷が高いため、それを止めるための代替案の提示が必要となります。その代替案として、または環境改善の具体的な行動案として、住民や行政が生ごみコンポストに取り組むための技術提示には大きな意味があると思います。

開発途上国、すなわち環境教育隊員の任地のほとんどは、廃棄物管理問題が顕著化し、ごみの収集運搬が機能せずにいます。あるいは、埋め立て処分場の残余量が少ないか既にオーバーしているにもかかわらず、新

設できずにいます。埋め立て処分場問題が逼迫しているのです。私の経験からすると、各国、各地のごみ組成のうち生ごみが50％程度を占めているので、生ごみのコンポスト化は有効な廃棄物の減量化・資源化策となります。また、家庭用コンポストであったり小規模なコンポストセンターであれば、簡単な建屋と手作業で取り組むことができるので、イニシャルコストとランニングコストともに低予算で実施可能です。これはインドネシア国スラバヤ市で実証されました。

　技術補完研修の中での高倉式コンポストの位置づけは、当初はJICA九州が実施する海外研修のオブザーバー参加でしたが、しばらくすると研修参加が選択式になり、やがて全員が参加するようになりました。ただし、「必ず任地で高倉式コンポストを実施してください」というものではありません。現地のニーズを受けて取り組んだり、環境教育隊員が現地の様子を判断して適用できる、やってみようと、主体性をもって取り組むものです。第1回高倉式コンポスト研修を受講したインドネシア派遣の環境教育隊員の前田賢治氏は、高倉式コンポストの導入・成功・失敗状況、Q&A等の情報共有、資料共有（データベース作成）等により、隊員の活動の幅を少しでも広げることを目的として、コンポストメーリングリストとオンラインストレージサービスの仕組みを立ち上げました。そして、前田氏は『クロスロード』別冊（2011年6月1日発行）内で、コンポスト研修の感想を次のように述べています。

　「研修では、「高倉式コンポスト」の原理や実践、それに伴う問題までを分かりやすく解説していただき、非常に有意義なものでした。アジアを中心に広がっている高倉式コンポストですが、研修を受講した協力隊員が各地に派遣されていくのに伴い、世界中に広がりつつあります。私は今、そのネットワーク作りに中心的に携わっていて、この研修は、実践に伴うデータ収集や整理、質疑応答の取りまとめなどを効果的に行うことに大いに役立っています」

前田氏はインドネシア現地での高倉式コンポスト普及に係わる中心的な人物でした。前田氏が赴任中、インドネシア国のロンボック島（西ヌサテンガラ州西ロンボク県）の要請を受け、女性の環境教育隊員金子愛里さんが派遣されました。金子さんの任地での役割は高倉式コンポストの普及と指導でした。しかし、当時の技術補完研修での高倉式コンポストの研修は選択式であったため、金子さんは受講対象者には入っていませんでした。現地のカウンターパートは、金子さんのことを現地の要請をもとに派遣された日本の環境教育隊員と位置づけており、当然のことながら現地指導に当たるものと期待していました。ところが金子さんは高倉式コンポストを全く知らなかったのでほとほと困ってしまったようです。そこで、先輩隊員である前田氏に相談し、ネットワークを生かした指導を受け、事なきを得たということです。私は後日、この話を笑い話として彼女から直接聞きました。

開発途上国での広がり

　高倉式コンポストはJICA九州の廃棄物管理分野の本邦研修に導入されたことで、研修参加国が増えていきました。導入当初の2004年〜2019年の間で39（24+15）コース、参加国は37カ国、研修員数は341（214+127）名になりました。その後も毎年、廃棄物管理分野はもちろんのこと、環境教育分野や中小企業ビジネス分野の一部にも導入されてお

環境教育隊員についての説明（環境教育隊員の募集用パンフレット）

り、参加国数は100カ国を超えたと認識しています。また、2010年の環境教育隊員の派遣前の技術補完研修に正式導入されたことで、任地でコンポスト活動に取り組む隊員も増えていきました。現在では、研修参加者が自国でアクションプランに基づきコンポストを実施している事例も出てきました。このように、開発途上国の様々な地域で生ごみコンポストの取り組みが活発化しつつあります。2013年3月には、JICAの青年海外協力隊 環境教育隊員の募集用パンフレットのなかで、「派遣する前にコンポスト技術を身に付ける」と明記されるようになりました。

環境教育隊員の取り組みが現地のコンポスト活動を活発化させたことで、現地の協力隊員の配属先関係者がJICA九州のコンポスト研修に参加したり、逆にJICA九州のコンポスト研修に参加した帰国研修員の配属

広い既設のコンポストセンター

生ごみシュレッダー設置済み

発酵菌の培養（液体）

発酵菌の培養（固体）
環境教育隊員の保延氏（左側）

先機関から、環境教育隊員の派遣要請がなされたりしています。今では、開発途上国の様々な国・地域で、高倉式コンポストを学んだ帰国研修員と環境教育隊員の事例も出てきました。その1つ、エクアドル国マカス市のコンポストセンターの整備について紹介します。

　環境教育隊員保延勇太氏が新規で赴任した2014年、マカス市では既に他国の援助で整備されたコンポストセンターがあり、土曜日と日曜日に開催される市場の生ごみをコンポストにしていました。着任した当初、保延氏はコミュニティに家庭用コンポストとして高倉式コンポストの導入に取り組ん

生ごみの分別を指導・啓発

分別した生ごみを収集運搬

コンポストセンター分別生ごみを搬入

生ごみを破砕する（シュレッダー）

水分調整用おがくずを敷きシードコンポストを敷く

生ごみを置きシードコンポストを被せる

おがくずを被せる

翌日に撹拌する

1回/3日で撹拌45日間で完成

でいましたが、コンポストセンターが悪臭問題に悩まされていたり、週に2日間しか稼働していない現実を知りました。せっかくの大規模コンポストセンターが上手く機能せず宝の持ち腐れになっていたのです。コンポストセンターは、1日に数トンの生ごみをコンポストにできるため、家庭用コンポストと比較しても大量の生ごみをリサイクルすることができます。保延氏はつぶさにカウンターパートに対し聞き取り調査を実施しました。3名のコンポストセンタースタッフの作業テクニック、生ごみ収集運搬の仕組み、コンポスト技術、製品コンポストの使用ルートなどから判断し、高倉式コンポストを導入することで改善できると判断しました。

　保延氏は、既存のコンポスト技術を尊重しつつ高倉式コンポストを導入する作戦をとりました。まずはベース技術となるシードコンポストの作成からスタートし、「シードコンポストと生ごみの混合」が既存技術である「生ごみに菌を添加しおがくずと混合したもの」よりも効果が高いことを示しました。次に、製品コンポストの品質を左右する生ごみの分別に着手。それまでは混合ごみの受け入れ後3時間かけて異物を取り除いていましたが、コンポスト原料としての異物混入率は30%以上もありました。逆転の発想で、生ごみだけをピックアップすることにしたところ、短時間でほぼ生ごみ100%の良質なコンポスト原料を得ることができました。保延氏は、店舗の生ごみ分別の啓発活動にも力を注いだ結果、任期中に良質なコンポストができあがるまでになりました。

　実はこのとき、技術的なことに限らず様々な事項について、保延氏からメールによる相談がありました。私は他国の事例を紹介したり、現地でのコンポスト技術の適正化が図りやすいようにアドバイスしました。

カウンターパートに託すタイミングが難しい

　青年海外協力隊員がカウンターパートと協働してプロジェクトに成果が表れた時、ここでありがちなことを1点注意事項として述べたいと思います。青

年海外協力隊の役割は現地のサポートであり、カウンターパートと協働してプロジェクトとして技術や仕組みなりを構築したとしても、いつまでも係わり続けることはできません。どこかの時点で手を離さなければなりません。このタイミングが難しいのです。あとはカウンターパートの仕事であると判断し、後任要請をせずに隊員が引き上げてしまったことで、その後の継続がぷっつりと途切れてしまうことがあります。隊員の現地活動の関係者はカウンターパートだけでなく、他にもいます。カウンターパートとは寝食も忘れ活動したことでコミュニケーションもしっかりと取れ、相手の気心も分かったとしても、その他の関係者についてはよく分からないこともあります。実は日本人が一緒になって活動しているからこそ、そのプロジェクトが成立し、モチベーションも維持されていたということもあります。また、隊員と一緒になって活動するスタッフに対する妬み嫉みが生まれることもあります。このような状況下で隊員が引き上げてしまうとプロジェクトは継続されません。

　現地の状況を改善するために必要な仕組みが定着するまでは、隊員がサポートすべきだと私は強く思います。余談になりますが、JICAプログラムで本邦研修を受けた海外研修員の愚痴を聞いたことがあります。「日本で学んだ知識・知見、そして技術を自国で生かすことができません。帰国すると、"なぜあいつが"との嫉妬から、誰も協力してくれません。残念です」

マカス市でのコンポストセミナー

コンポストセンタースタッフと環境教育隊員たち
（左手前 埴渕さん）

という内容です。そのため、本邦研修を受けた海外研修員と環境教育隊員とがコラボレーションできるような隊員の派遣についてお願いしたこともありました。

　マカス市では、コンポストセンターを活用した生ごみコンポストのベースができあがり、続いてそれを定着・発展させるために、後任の隊員埴渕幸世さんが派遣されました。埴渕さんはコンポストセンターを使用した生ごみコンポストを行政施策として定着し、自立的に継続できるように腐心するだけでなく、それをエクアドル国内で情報共有すべく努めました。これにはJICAエクアドル事務所もバックアップし、カウンターパートが訪日研修を受けることができるように調整したり、エクアドル内の環境教育隊員とそのカウンターパートを対象とするコンポストセミナーがマカス市で開催されました。セミナーでは各地のコンポストの取り組みが報告され、また、マカス市のコンポストセンターの現地見学などを通じて情報交換・共有がなされました。このセミナーについては私も出席し、お手伝いさせていただきました。

　その後、3代目隊員和久井諒氏が派遣されました。最後の仕上げです。1代目の保延氏がベースをつくり、2代目の埴渕さんが定着と自立的な継続を目指し、3代目の和久井氏が自立的な発展と継続が確実となるよう総仕上げをしたのです。カウンターパートからも、「もう大丈夫です。自分た

カウンターパートとコンポストセンタースタッフ
環境教育隊員 和久井氏

ちでできます」との申し出を受け、3代にわたって培われた成果すべてを引き渡しました。

　この事例が示すように、現地が望んでいるのなら、また、その必要性を感じたのであれば、前任者の活動を継続して引き受けることも重要だと思います。青年海外協力隊員に応募した動機は、自分が海外で活動したいことがあるから。これをしてみたい、あれをしてみたいも大切ですが、それでは自分のための海外協力であり、自己実現の意味合いが強いようにも思います。同じ海外協力をするのであれば、現地のニーズに重きを置き考え行動することが望まれており、またそうすることで前述した社会課題を解決するイノベーションが起きると私は考えます。

　日本で高倉式コンポストの研修を受講した環境教育隊員は、赴任地現場の様子から判断し、隊員自らの提案で生ごみコンポストに取り組むこともあれば、前任者のプロジェクトを引き継ぐこともあります。また、高倉式コンポストの知識・知見を隊員だけしか持っていないこともあれば、既に現地で高倉式コンポストの取り組みがなされており、隊員とカウンターパートとがコラボレーションすることもあります。どちらにしても、青年海外協力隊員 環境教育隊員による赴任地での高倉式コンポストの取り組みは、開発途上国の様々な地域に普及する大きな原動力となっています。

コラム④　コンポストの歌

　プスダコタのコンポストセンターは、以前と比較して、衛生的で悪臭のないセンターに生まれ変わりました。しかし、スタッフは毎日汗だくになりながら作業に当たっています。また、仕事に慣れてしまうと単調でルーティンワークのような作業となり、飽きたり、嫌になってしまうこともあります。そのため、自分の好きな曲を選んで BGM を流し、モチベーションを上げたりしていました。

　カセットデッキでロックを大音量で流し、曲に合わせて大声で歌い・シャウトしながら作業したり、時にはクラシック音楽のような静かな音楽を流したりしていました。クラシックを流すことを勧めたのは私です。その理由は、「乳牛に穏やかなメロディーを聞かせることでストレスが軽減し、ミルクの出が良くなる」「植物にモーツアルトを聞かせると成長が促進する」などの音楽の効用を聞いたことがあるからです。コンポストの微生物も同じ生き物です。心地よい音楽を聞かせることで質の高いコンポストになる可能性もあります。でも一番は、大変な作業をするスタッフの気持ちを少しでも落ち着かせたいと思いました。

　ある時私はスタッフが音楽を流し、歌を歌いながら作業する様子を見ていて、ハタと思いつきました。「同じ歌ならコンポストの歌が良い。よし、コンポストの歌をつくろう」と思いました。メロディーは日本の歌「山賊の歌」が頭に浮び離れません。というのも、大学時代のサークルでキャンプカウンセラーとして取り組み、モチベーションを上げるために皆で合唱していた歌だったからです。このメロディーにコン

ポストの歌詞を当てはめました。インドネシア語の変換は通訳のフィンサさんにお願いしました。

　簡単な歌詞なので、皆さんもユーチューブで「山賊の歌」を検索して、メロディーを聞きながら歌ってみてください。

日本語	インドネシア語	シンハラ語
わたし　あなた	サヤ　アンダ	オヤイ　ママイ
ちから（力）を合わせ	サトゥカン　ククアタン	エカトゥ　ウェラー
ごみの　やまを	ウバ　サンパ	カサラ　ワリン
たいひ（堆肥）に　変える	ジャディ　コンポス	コンポスト　ハダム
やろう　やろうぜ	アヨ　アヨ　アヨ	ハダム　ハダム
ちから（力）を合わせ	サトゥカン　ククアタン	エカトゥ　ウェラー
やろう　やろうぜ	アヨ　アヨ　アヨ	ハダム　ハダム
たいひ（堆肥）に　変える	ジャディ　コンポ	コンポスト　ハダム
さあコンポストをやるぞ！	マリ　コンポス　ベルサマ	

　このコンポストの歌はセミナーや研修会でも参加者と一緒に歌いました。歌い方は、まずは、私が歌う日本語の歌詞とメロディーの後に同じように歌うことを繰り返します。この様子を言葉で描写します。

　「さあ皆さん。最後の締めくくりに日本語でコンポストの歌を歌いましょう」

　「簡単な日本語のフレーズとメロディーなので大丈夫です。歌えます」

　「私が歌った後に同じように歌ってください。まずは練習です」

　私：「わたし」　参加者：「〇たし」

　私：「あなた」　参加者：「あな〇」

　私：「ちから」　参加者：「ちから」

　「そうです。その調子です。それでは本番でーす」

私：「わたし」　参加者：「わたし」　私：「あなた」

参加者：「あなた」

私：「ちから」　参加者：「ちから」　私：「をあわせ」

参加者：「をあわせ」

……………

私：「たいひに」　参加者：「たいひに」　私：「かえる」

参加者：「かえる」

次に私はインドネシア語で歌いますが、参加者はてっきり日本語だと思いたどたどしくついてきます。

私：「サヤ」　参加者：「サヤ」　私：「アンダ」　参加者：「アンダ」

私：「サトゥカン」　参加者：「サトゥカン」　私：「ククアタン」

参加者：「ククアタン」

ここまでくると参加者はインドネシア語だと気づいて全員笑顔となり、声も一段と高くなります。

……………

私：「ジャディ」　参加者：「ジャディ」　私：「コンポス」

参加者：「コンポス」

そして、

私：「サトラギ　サトラギ」

参加者：「サトラギ　サトラギ」（サトラギはインドネシア語でもう1回という意味）

もう一度インドネシア語で繰り返して歌い、歌い終わると最後に叫びセミナーを締めます。

私：「マリ　コンポス　ベルサマ！（さあコンポストをやるぞ！）」

参加者：「マリ　コンポス　ベルサマ！」

全員でコンポストに取り組むことを宣言して笑顔と大拍手でセミナーは終わります。

このコンポストの歌はインドネシア語だけでなく、マレーシアのマレー語版とスリランカのシンハラ語版もあります。それ以外の言語にも試してみましたが語呂合わせが難しく、残念ながら日本語も含めて４カ国語に止まっています。

第 4 章

成功体験を世界へ

第1節　　青年海外協力隊員へスラバヤでの経験を伝える

派遣前技術補完研修として整備される

　高倉式コンポストは、2009年に北九州市で環境教育隊員等の派遣前技術補完研修に導入されると、2010年からは一部の環境教育隊員に対して研修が実施され、隊員は各地へと赴任していきました。任地で高倉式コンポストを実践する隊員の数は着実に増加し、コンポストに係る数多くの質問が私宛にメールで寄せられるようになりました。それらは重複する質問内容が多く、今後も質問メールの増加が見込まれました。そこで、2011年にJICA九州は、北九州市で実施する派遣前技術補完研修として、高倉式コンポストを中心とした廃棄物行政に関する講義、市内の環境教育施設を活用する研修整備の可能性の検討、高倉式コンポストの映像教材・生ごみコンポストQ&A集を企画。それらを作成するために、北九州市及びJICA国内外の関係者が参加するTV会議を開催しました。その結果、同年には高倉式コンポストの映像教材が制作され、JICA-Net-Libraryで自由に閲覧することができるよう整備されました。また、生ごみコンポストQ&A集が隊員の意見を取り入れて作成され、JICA九州のウェブサイトで閲覧できるようになりました。

　2012年からは、高倉式コンポストを中心とした北九州市の廃棄物行政に関する講義、市内の環境教育施設を活用する研修が、すべての環境教育隊員を対象とする本格的な派遣前技術補完研修として整備され、年間4回実施することになりました。

　任地においても、高倉式コンポストを実践する隊員が増えるにつれて、現地での認知度も高まり、取り組み事例も多数見られるようになりました。また、私の指導を仰ぎたいとの現地からの要望もあり、コンポスト活動が活発な中南米とスリランカを訪問し、広域研修とフォローアップに取り組みました。

　環境教育隊員が赴任先で高倉式コンポストに取り組んだ（取り組んでいる）国は、私が把握し記録しているだけでも、エクアドル、ボリビア、エル

サルバドル、キルギス、グアテマラ、ケニア、スリランカ、セントルシア、タイ、チリ、ドミニカ、ニカラグア、ネパール、パナマ、フィジー、ブルキナファソ、ベトナム、ベナン、ベネズエラ、ペルー、マダガスカル、マレーシア、メキシコ、モザンビーク、ヨルダン、ラオスの計26カ国になります。実際には53カ国以上の国々で、環境教育隊員が高倉式コンポストを活用していると思います。

Q&A集が強力なツールに

2011年に開催されたTV会議の参加者は、高倉式コンポストの活用に関心のあるJICA関係者と、現在活動に取り入れているボランティアなどで、計100名以上になりました。また、コスタリカ、ベナン、ルワンダ、マーシャル、フィジー、ベネズエラ、チリ、ベトナムからは、当日の映像と配布資料の事後送付の希望があり、関心の高さがうかがわれました。

会議の内容は、JICA事業での高倉式コンポスト活用状況、高倉式コンポスト概要説明、高倉式コンポストの活用状況の共有、課題への回答、教材作成に際しての意見交換などでした。

JICA九州主催のTV会議が開催されたことで、本研修を実施する有効性と必要性がJICA関係者内で理解・周知され、2012年には本格的な環境教育隊員の派遣前技術補完研修へと発展しました。また、彼らが現地でコンポスト活動に取り組む時に生じる初歩的な質問について、自らが解決できるように、2011年には教材として「生ごみ減量化のすすめ」(ビデオ)と、「ここが知りたい！高倉式コンポストQ&A集」が作成され、JICAのウェブサイトで自由に閲覧できるように整備されました。青年海外協力隊 環境教育隊員にとって、派遣前技術補完研修と教材は、生ごみ減量化・資源化を実施するための強力なツールとなるだけでなく、彼らの活動を通じて徐々に様々な国・地域へと普及し今日に至っています。

後日、環境教育隊員に対しコンポストQ&A集についてアンケート調査を

TV会議の様子（JICA九州）

実施したところ、次のような意見をいただきました。

　「非常に残念ですが、北九州でのコンポスト研修に参加できませんでした。現在Q&A集を読みながら勉強しています。しかし、事前に北九州市で研修を受けた人たちが共有している情報を持たない人にとっては、ときどき質問内容が理解できなかったり、質問や答えの大事な部分を理解できていないと感じることがあります。また、返答に「コンポスト研修参加者用資料を見てください」と書いてありますが、それを手元に持たない人にとっては、もう少し詳しく知りたいと思います。もし、北九州の研修で配布された情報データがあれば、それを共有させて欲しいと思います。個人レベルの差もありますが、質問に対する答えが専門的過ぎると感じることもありました」

　このようなご意見もあり、その後2012年からは環境教育隊員全員を対象に、派遣前研修の中に高倉式コンポストの1コマが含まれるようになりました。世界的に見ても開発途上国の廃棄物問題は逼迫しており、廃棄物のうち50％程度は生ごみが占めています。この生ごみを減量化・資源化することで廃棄物問題解決の一助となり、その有効な廃棄物改善の手段として高倉式コンポストが現地で活かされることが望まれます。

第2節　中南米諸国への展開

広域研修とフォローアップ

　JICA青年海外協力隊事務局は、現地の要望に応える形で、私が環境教育隊員のコンポスト活動をフォローアップする機会を設定しました。私としては願ったり叶ったりです。大喜びしました。なぜなら、私は、彼らが現地でコンポスト活動に取り組む"スターター"でしかありませんでした。確かに現地からの質問に対しては、できるだけレスポンス良く、丁寧に返したつもりではいますが、現地で直接見聞きし、感じなければ分からないことが多々あります。私から彼らへの一方通行になってしまっていないかと忸怩たる思いでいて、研修を実施するごとにその思いは強くなっていったのです。そうこうしているうちに、環境教育隊員とカウンターパートを対象とする広域研修とフォローアップが計画されました。

2012年／エルサルバドル

　JICAエルサルバドル事務所の要請も受け、2012年に同国で広域研修とフォローアップをすることになりました。中南米地域の多くの国の言語はスペイン語なので、エルサルバドル1カ国だけではなく広域とし、チリ、ドミニカ共和国、コスタリカ、エクアドル、ボリビアの計6カ国が参加しました。コーディネートしたエルサルバドル隊員との意見交換・フォローアップとコンポスト研修期間は4日間（出張期間：2012年2月18日〜2月26日）でしたが、内容の濃いものでした。このエルサルバドルでの広域研修で感じたことを羅列してみます。コンポストに直接関係しない部分もありますがご容赦ください。

・ネイティブな言語がスペイン語で共通ということは素晴らしい。すぐに国を越えて打ち解けている。

・隊員とカウンターパートは良好な関係だ。隊員も頑張っている。

・隊員とカウンターパートによるコンポスト活動は推進するだろう。

・全員コンポストに対して強い関心、興味を持っている。

隊員のコンポストを評価

隊員のコンポストを評価

三好顧問を交えて情報交換

シードコンポストのできを確認

研修会場(休憩中)

言語はスペイン語、国を越えて情報交換

隊員とカウンターパートで考える

隊員とカウンターパートで考える

隊員とカウンターパートで考える

コンポストセンターの説明

エルサルバドルで推奨する技術

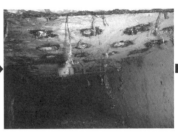

改善する点は?

グループでコンポスト容器を作成

グループでコンポスト容器を作成

コンポスト容器に生ごみ投入の実習

グループでつくったコンポスト容器を説明

シードコンポスト製造の実習

シードコンポスト製造の実習

発酵菌採取（料理教室ではありません）

森の発酵菌採取の説明（興味津々）

森の発酵菌見せて説明

森から発酵菌を採取

お祭りの警備で安全らしい

売り子の帽子を借りて（髙倉）

・全員が研修に楽しみながら積極的に参加し、私たちの言葉が響いている。

・研修から得られた知識は新鮮であり、コンポストに必要な発酵菌の採取方法については驚いている。

・夜間はホテルから出てはいけない。近くのレストランへ行くにしてもタクシーを利用のこと。徒歩は厳禁。今はお祭りなので、このストリートの安全は確保されているけれども、一歩路地に入ったり別の日だったりすると危険。刑務所の壁の前に土嚢を積み上げ、顔を覆面で覆いマシンガンを持った警察官が警備している。顔を知られるとギャングの報復を受けるかもしれない。などエルサルバドルでは危険な国だと分かり、その状況下で青年海外協力隊は現地に入り込んで草の根活動をしている。頭が下がる思いです。この研修では精一杯のフォローアップをしなければ‼

・でも、実は住民は気の良い人ばかり。

・料理は美味しい。

2013年／コスタリカ

　2012年に実施したエルサルバドル国での広域研修には高い評価と大きな反響があり、2013年も引き続き広域研修とフォローアップを開催することになりました。場所はコスタリカ国です。ここでは、ベネズエラ、セントルシア、メキシコ、エルサルバドル、ドミニカ共和国、ペルー、パナマ、エクアドル、ボリビア、ニカラグア、グアテマラも加わり、計12カ国となりました。コーディネートしたコスタリカ隊員との意見交換・フォローアップとコンポスト研修は5日間で、ここでも内容の濃い研修を実施できました。この研修では、コーディネートしたコスタリカ隊員がエルサルバドルでの研修を踏まえ、工夫・改善をしています。参加国数が多いことと国を越えたグループ分けをするために、念入りなアイスブレイクを行い、カウンターパートのコンポストの取り組み

研修スタートの挨拶

念入りなアイスブレイク

隊員とカウンターパートで考える

参加者は積極的に意見を述べる

森で発酵菌を採取

国を越えたグループ実習・討議

グループ討議を全体で共有

任地が違う隊員が旧交を温める

グループでアクションプラン作成　　　　　　　研修参加者

事例の報告、中規模コンポストセンターの導入方法、5グループに分かれ
ての実践例の討論と発表を行いました。また、コンポストの方法が高倉式コ
ンポストに偏らないように、招待講義2件を加え、最後にカウンターパートごと
にアクションプランを作成・共有しました。

2014年／ジャマイカ

　2014年も引き続き広域研修とフォローアップが開催されることになりまし
た。場所はジャマイカ国です。この研修には私は会社業務の都合で参加
することができませんでしたが、今まで私のサポートをしていたネパール隊員
OGの八百屋さんが講師として参加しました。エクアドル、エルサルバドル、
グアテマラ、コスタリカ、ベリーズも加わり、計6カ国です。ここでも前回と同
様に座学、実習、情報交換・共有がなされ有意義な研修となりました。ま
た、八百屋さんの視点から各地が抱える課題も明らかになりました。それ
は、「現地でのコンポスト導入に際し、技術以外の障害（予算、場所の確
保、住民意識、地域性、治安、その他しがらみ）について十分にサポー
トできていない」ことです。

　高倉式コンポストがインドネシア国スラバヤ市で大きな成功を収めた大き
な要因として、カウンターパート（NGOと行政）の主体的な関与や住民意
識の醸成などポジティブな要因も存在していたのですが、現地のコンポスト

技術が未熟であったことをあげることができます。高倉式コンポストにより、この技術的な課題が解消されたことで廃棄物管理の問題全体の解決に大きく貢献できました。そのため、知らず知らずのうちに私の指導・支援の考え方に、技術に重きを置いていた、というよりも偏っていたように思います。開発途上国に対する高倉式コンポストの普及拡大の目的は、廃棄物のうち50％程度を占める生ごみの資源化・減量化をコンポストにより推進することであり、技術そのものの普及だけでは不十分です。技術以外で課題となることに対し、直接的な解決策でなくヒントやアイデアであっても提案できるようにしなければなりません。

2014年／スリランカ

中南米での一連の取り組みが功を奏したので、コンポスト活動が活発なスリランカでも、2014年に高倉式コンポストの研修とフォローアップを実施しました。

スリランカでは、先輩隊員のコンポスト活動を引き継いだり新規に導入することで、また、カウンターパートを通じて地域の団体と連携することで、家庭用コンポストが普及拡大していました。国家プロジェクトとして生ごみコンポストを推奨しており、高倉式の家庭コンポストの普及はこのプロジェクトの推進にも役立ちます。ここでは開発者自身が現地を訪れることが隊員を支援することとなり、地域のコンポストの推進効果を高めると感じました。

私は、現地の青年海外協力隊員や環境教育隊員に対し、スラバヤ市で培った技術と経験を、派遣前技術補完研修を通じて伝えました。その後、彼らは現地の状況に合わせて高倉式コンポストに取り組み、あるいは既存のコンポスト技術と組み合わせながら、スリランカにおける生ごみの減量化・資源化や廃棄物問題解決に寄与できていると思っています。

そして何よりも、帰国報告会では得ることができない生の様子、すなわち隊員たちがカウンターパートをはじめ現地の方々と一緒になって汗を流し、

アドバイザーとして活動　　　　　　　　　　　家庭コンポスト配布先名簿（一部）

笑い、時には悩みながらも活動している様子を垣間見ることができ、とてもうれしく思っています。

2015年／ニカラグア・コスタリカ・エクアドル

　先述の中南米での広域研修は、毎回参加国が主催国に集合する形式をとりました。ここでは、スペイン語が共通する中南米でのコンポストの取り組みに係わるネットワークが形成されるなど、情報交換・共有を伴いながら生ごみコンポストを推進するという初期目標に大きく貢献できたと思います。しかし一方で、環境教育隊員の任地の状況を踏まえたフォローアップが手薄であり、さらに詳しい技術的な指導も求められました。また、高倉式コンポストの開発者が現地を訪れ直接指導することでモチベーションアップにつながるなど、ステップアップした研修が要望されました。確かに、高倉式コンポストを取り入れ実施している地域が増えるに従い、地域独自の課題がクローズアップされるでしょうし、地域でのコンポストの経験も豊富になってくると、さらに詳しい技術を知りたいという要望も増えてくると思います。これに対応するため、2015年には第4回の中南米研修としてニカラグア・コスタリカ・エクアドル3カ国の巡回研修を実施することになりました。

●ニカラグア　参加者／9団体（地方自治体、国の機関、NGO、学校）63名（JICA関係者含む）

ニカラグアでは、高倉式コンポストの紹介（導入）と、コンポストの基本理論を習得することを目的に実施しました。何度も言いますが、私が高倉式コンポストに取り組む目的は、コンポストという手段を通じて生ごみを減量化・資源化することです。現地の既存のコンポスト技術が未熟であれば高倉式コンポストに取り組むこともあれば、高倉式コンポストを参考に既存技術を改善・改良することもあります。ニカラグアでのセミナーに参加した農家から、農家の化学肥料とコンポストに対する考え方を聞く機会がありました。「農家は貧しい人が多く、化学肥料は高価なので買うことができません。農業には自家製造のコンポストを使用しています」という一言に、開発途上国の農業に対するイメージが覆されました。私のイメージは、「先進国から開発途上国へ、農業支援として大量の化学肥料が供給されており、化学肥料の偏った多使用により土壌が疲弊している」というものでした。

セミナーの最後に、その農家の人がもらした感想を私は印象深く覚えています。「このセミナーに参加することができてとてもうれしく思っています。私が取り組んできたコンポストのつくり方に対し理論的な裏付けができました」というものでした。思うに、その方は、自らが実践してきたコンポストづくりの経験則とセミナーで学ぶ理論を合致させながら聞くことができ、理解度

発酵菌の採取

グループでアクションプラン作成

が高まると同時に、理論がすとんと腑に落ちたのではないでしょうか。私は、高倉式コンポストを通じて習得した正しいコンポストの基本理論を、誰もが理解できるように分かりやすく伝えることを第一に考えています。このコメントを聞いて、伝える内容と伝え方に間違いはないと、改めて自信を持つことができました。間接的に聞いたのですが、著名なコンポストの専門家が「高倉式コンポストは単なるパフォーマンスでしかない」と言っていたからです。

●コスタリカ　参加者／55団体（地方自治体、国の機関、NGO、大学）　91名（JICA関係者含む）

コスタリカは自国開催も含め、毎年広域研修に参加しています。ここでの隊員のコンポストへの取り組みは活発で、会場内に立ち見が出るほど多数の参加者があります。今回はアルバラーダ市、グレシア市及びペレセレドン市から発表がなされました。技術的な質問も数多く出ており、会場全体がコンポストの熱気に包まれているようでした。グレシア市ではコンポストセンターを既に設置しており、隊員とカウンターパート、そして私の3人でコンポストのデモンストレーションも実施しました。

ある参加者が、私が講義する様子・内容をすべてビデオ撮りしていました。途中、隊員から「髙倉さん、ビデオを断りなく撮っていますが大丈夫ですか？」と聞かれました。私は、「コスタリカ内にコンポストを広く知ってもらうために利用するのなら、全く問題ありません」と答えました。実は、セミナーへの参加希望者が多く、会場の関係から参加者数を制限していたのです。現地の人は、参加できなかった人や後日セミナーが開催されたことを知った人にビデオを見せようと考えていたようです。さらに驚いたことに、コスタリカでは、高倉式コンポストの技術を取得した女性が有料セミナーを開催するとともにフォローアップも実施するなど、ビジネス展開している例もありました。

私も環境教育隊員もコンポスト活動のベースはボランティア。私はスラバヤ市でコンポスト技術を開発するに当たり、その開発方針の6番目に「提

グレシア市発表

熱気に包まれる会場

供する技術・ノウハウは営利ではなく社会還元すること」と記しました。しかし、ここでの営利とは利益を上げることを第一に考え収益を目指すことを指します。私は、ソーシャル・アントレプレナー（社会起業家）として、高倉式コンポストを活用したビジネス展開はウエルカムと考えています。環境問題・課題を解決するという社会性を持つ理念だけでは、その活動が継続できません。活動を続けるためには利益を出していくことが求められています。

●エクアドル　参加者：32団体（地方自治体、国の機関、NGO）　119名（JICA関係者含む）

　エクアドルも、自国の開催も含め毎年広域研修に参加しています。開催地のマカス市は内陸部にあり交通が不便であるにもかかわらず、多くの団体の参加がありました。ここでは、私の講義だけでなく、隊員から赴任地でのコンポストの活動について報告がなされ、引き続いて彼らから「高倉式コンポストとは?」「高倉式コンポストを推進する理由」についてのプレゼンがなされました。その後、私が「高倉式コンポストの基本理論」について講義しました。

　セミナーでは、コンポストセンター責任者が施設の概要、作業員の安全装備、コンポスト化プロセス及び運営手法について、よどみなく説明しまし

コンポストセンター担当者の説明 　　　　　マカス市長から感謝状拝受

　た。マカス市では、初代の環境教育隊員がカウンターパートとともに、高倉
式コンポストを導入して既設のコンポストセンターを改善。良質なコンポスト
に仕上げ、2代目隊員がそれを引き継ぎブラッシュアップして確実なものに
仕上げています。初代隊員がコンポストセンターの基礎を築き、コンポストセ
ンターの担当者がJICA九州のコンポスト管理運営コースに参加して知識と
技術を深め、2代目隊員とともにさらに発展させていたと考えられます。

第3節 高倉式コンポストの未来

1.「適正技術」とは何かを知れ

　第3章の社会実装の部分でも触れましたが、スラバヤ市で活動するに当
たり、コンポスト技術開発の方針として「現地で開発した技術が現地で根
付き、取り組みが容易に継続でき、さらに地域技術として自立的に発展（普
及拡大）できる」ことを念頭に置きました。私も技術屋の端くれですから、
技術協力として指導するからには、その技術が現地に定着し、現地でモ
ディファイをしながらも適正化を図り、自立的に普及拡大することが必要と
思っています。そのために考えた技術開発の方針が下記の7項目です。

　①ローエネルギー・ローコスト・シンプルテクノロジーであること
　②地域の気候風土・習慣を考慮すること
　③地域で調達することができる材料を使用すること

④化学物質を極力使用しないこと

⑤自らが応用・改善できる基礎が理解できること

⑥提供する技術・ノウハウは営利ではなく社会還元すること

⑦市民・行政・NGOが協働できるシステムを構築すること

　この方針を考えた時点では、「適正技術」「イノベーション（社会変革）」「社会実装」について全く意識していませんでした。適正技術を知ったのは、2010年9月に開催された日本経団連「社会貢献基礎講座」（2010年度）第5回の場で、「適正技術の活用による国際協力」をテーマにスラバヤ市における高倉式コンポストの技術協力について講演したときでした。また、イノベーション（社会変革）を強く意識したのは、2008年12月、高倉式コンポストを取り上げた「ガイアの夜明け年末スペシャル〜世界のゴミを減らす ニッポンの技術」が放映されたとき。現地撮影時に、スラバヤ市の街並みが清潔で緑溢れる都市に変貌した様子を見て、「私もイノベーションということをやってるんだな」と思わず言葉に出たときです。そして、「社会実装」として意識したのは、何を隠そうこのプロジェクト・ヒストリーの執筆依頼を受けて書き始めてからなので、ごく最近の2020年12月のことになります。どちらにしても、開発途上国に対する技術協力において技術の社会実装やイノベーションを成すためには、現地での技術の適正化が必要であり適正技術が求められていると考えます。

　ここで簡単に適正技術について触れておきたいと思います。国際協力に係わることを思うと知っておいて損はありません。いえ、損よりも徳（得）につながると確信しています。

　JICA国際協力総合研修所（現JICA緒方研究所）では、廃棄物管理分野における適正技術の要件を次のようにまとめています。

　『適正技術は主に次の4要件から構成され、これらが等しく満たされることが必要である。

　①技術的に受け入れられること（Technically viable）

②経済的に受け入れられること（Economically feasible）

③文化的に受け入れられること（Culturally accepted）

④環境と調和的であること（Environmentally sound）

また、「現地で調達可能な原料」「機材」「労働力」「技術力」などが
考慮される場合もある。』[2]

JICA以外でも適正技術についての説明がなされており、例えば、公益
社団法人国際厚生事業団では、開発途上国への水道分野の国際協力
における適正技術として以下の通りまとめています。

『途上国においては、新しい技術を導入すれば、たとえそれが生活改善
を目的としているとしても、長年の伝統や習慣や経済的な価値観さらには文
化を変えることに結び付く。したがって途上国に導入する技術を適正に選
択するためには、その地域の文化や習慣や生活を考慮し、人々が経費を
負担でき、持続して利用できる技術の導入が必要となる。一般には低コス
トで設置が容易で、スペア部品が複雑でなく、管理が容易で技術の効果
を認識でき、かつ、経済的価値を見いだせるもの。』[3]

両者ともに同様のことを言葉を変えて表現しているだけであり、私は後者
の方が平易で分かりやすくまとまっていると思います。

開発途上国への国際協力は、適正技術にしろ仕組みにしろ、それらを
指導・導入するに当たっては、「適正であること」をベースに置き、考え、
行動することが求められています。そして私自身も、国際協力に携われば
携わるほどその重要性を再認識するようになりました。

2）出典：JICA 緒方平和開発研究所：開発途上国廃棄物分野のキャパシティ・ディベロップメン
　ト支援のために－社会全体の廃棄物管理能力の向上をめざして－，pp.131-132，2005.

3）出典：国際厚生事業団：水道・廃棄物処理適正技術マニュアル　小規模水道編，Q132,
　1988.

2. コンポストは農業利用されなければ意味がない

　高倉式コンポストに限らず、すべからくコンポストは「植物栽培（主には農業）」と密接に関係し、農業利用されなければ意味がないと考えています。ものの本によると、「コンポストは最終処分場の覆土材としても利用される」と記述されていることがあります。大量の労力とエネルギーを投入してつくった結果、覆土材の代替とし取り扱われ、結局は埋立処分場に埋められることになってしまいます。コンポストに対して真摯に取り組む側からすると本当に悲しいことです。

　ここで再度、「コンポストとは何なのか」を考えてみましょう。私の考えるコンポストの定義は、「コンポストとは、有機物が生物の代謝活動を通じた分解や再合成により、植物が利用できる形に変換されること」となります。すなわち、コンポストは農業利用されてこそその価値が活かされ、逆にいえば、農業利用されることを目的としたコンポストの取り組みが必要であると考えています。このようなコンポストの捉え方は、開発を始めた当初から持っていたわけではありません。最初のころは、生ごみという廃棄物を減量化することが第一であり、その副産物としてコンポストを手に入れることができるというものでした。できたコンポストは植物栽培に利用することができる程度の認識でしかなかったといこうとです。しかし、コンポストについて学べば学ぶほどそのポテンシャルの高さに惹き付けられてしまい、国内外でのコンポスト研修実施時には、農業利用の効果についても詳しく説明するようになりました。

　世界の人口は1950年に25億人に達し、1987年50億人、1998年60億人、2011年70億人、そして2021年現在は78.7億人となりました。今後2050年に97億人に達し、2100年頃には110億人で頭打ちになるといわれています。医療技術・サービスの進歩とそれを享受することができる地域の広がりをはじめ、様々な要因を考えることができますが、その中の主要因として食料の増産をあげることができます。世界の穀物の需要は、世界人口の増加とともに食の贅沢さも加わって年々上昇しています。収穫面積がほぼ一定

のなかで、単位収穫量（単収）を必死になって高め、需要と需給のバランスをなんとか保っているようです。単収を高める方法は農業技術の向上にあり、主には「機械化」「化学肥料」「農薬」「品種改良」「土地改良」の5点に負うところが大きい。ところが、単収を高めることに重きが置かれ、土壌が疲弊する一方です。今までは農業の基本として取り入れていた自然のサイクルが健全な土壌を育み、毎年、土壌へ地力の定期積立がなされていました。自然に倣った農業である限りは、土壌に積み立てられた地力を解約することなく農業利用することができていました。ところが今は、地力の払い出しが超過し、まるで借金を背負うがごとく、疲弊した農用地土壌も多数出現しています。土壌が疲弊した結果、さらに多くの農薬や化学肥料の投入がなされるという悪循環に陥ってしまいます。このような状況を目の当たりにしたことで、「これではいけない。持続可能な農業が必要だ」と叫ばれ、それへの取り組みが推進されています。この持続可能な農業の基本は良質なコンポストの使用であり、コンポストの使用をせずして持続可能な農業はあり得ないといえるでしょう。

3. 地球温暖化対策として有効なコンポスト

　また、温室効果ガス排出量削減の点からも適切に製造したコンポスト使用の有効性が認められています。順を追って考えていきましょう。

①化学肥料の製造は大量のCO_2を排出：化学肥料の窒素肥料に含まれるアンモニアや尿素は、化石燃料（ナフサ・天然ガス）を原料として製造しており、未反応のCO_2を大量に排出します。また、アンモニア製造時は高温高圧で反応させるハーバーボッシュ法が採用され、熱や動力等のエネルギーとしても化石燃料を大量に消費します。そのため、製造時に化石燃料の消費が少ないコンポストの使用が望まれます。

②適切なコンポストの製造は好気性発酵：微生物は生ごみ中の炭水化物・脂質・タンパク質を好気性または嫌気性の条件下で分解・利用し

ます。これを単純化して示すと、好気性では炭水化物と脂質はCO_2・H_2O、タンパク質はCO_2・H_2O・SO_4・NH_3（すぐにNO_3に酸化）に分解（無機化）します。ところが嫌気性の場合は中間物質を作ってしまいます。炭水化物はCO_2・H_2O・CH_4・有機酸（酸味臭）、脂肪はCO_2・H_2O・CH_4（メタンガス）・有機酸（靴下・汗臭さ・し尿臭）、タンパク質はCO_2・H_2O・NH_3（刺激臭）・H_2S（硫化水素）の他、魚の腐敗臭・どぶ臭などの悪臭が発生します。生ごみを投棄したり埋め立て処分すると嫌気的な状態となり、悪臭とメタンガスが発生します。メタンガスはCO_2と比較して28倍（IPCC第5次報告書）の温室効果があるガスです。

③**生ごみからのメタンガス回収**：微生物が容易に分解することができる生ごみなどの易分解性有機物を嫌気性にしてメタンガスを回収しバイオガスとして利用することもできます。残渣物として消化液と消化汚泥が残るので農業利用することが可能ですが、適切な管理の下で消化液を液肥として利用したり、消化汚泥は好気性で再発酵する必要があります。

④**土壌の疲弊は亜酸化窒素ガスの発生を増長**：土壌の疲弊による単収減は窒素肥料の過剰施肥を招き、亜酸化窒素ガス（CO_2と比較して265倍（IPCC第5次報告書）の温室効果があるガス）の発生を惹起する原因になります。土壌改良と土壌の健全を維持することに効果的なコンポストの使用が望まれます。ただし、化学肥料だけでなく有機質肥料やコンポストの過剰施肥も亜酸化窒素ガスの発生原因になることに留意しなければなりません。

⑤**コンポストの連用施肥は土壌中の炭素貯留を高める**：コンポストは「腐植質」という難生分解性で土壌中に長期安定に貯留される有機物を含んでおり、コンポストの連続した使用は土壌中の炭素貯留量を増やすことになります。

⑥**土壌の健全性維持で持続可能な農業に貢献**：コンポストの使用による土壌の健全性維持は持続可能な農業に貢献します。すなわち、土壌劣

化が原因で新しい耕作地を求める必要がなくなり、開墾などの土地利用変化によるCO_2の発生が抑制されます。樹林帯の開墾時には伐採木が生じ、これを燃料として使用したとしてもバイオマス燃料だからカーボンニュートラルであり、地球温暖化には何ら関係ないと勘違いしていることが多いようです。しかし、木を燃やすということは数十年かけて炭素貯留したものが、ほんの一瞬で燃えCO_2に変わってしまいます。炭素の貯留と放出の時間軸が全く異なることを理解しなければなりません。また、植物は光合成時の生産物を地上部の植物体と地中の植物体（主には根と茎）に分配しています。また、落枝・落葉し土壌中に留まるものもあります。日本の森林樹木中の炭素量は近年の統計データによると約12億トン程度と推計され、土壌中の炭素蓄積はその約5倍にも当たると考えられています。樹木を伐採すること、すなわち木が死ぬことで根などの地中の有機物の分解がスタートし、地中からCO_2が放出されることになります。

世界は2050年のカーボンニュートラル達成に向け、一斉に走り出したといっても過言ではありません。そのような中、化石燃料使用による化学肥料の高騰が予測されています。また、新型コロナウイルス感染症（COVID-19）やロシアとウクライナの紛争などの世界情勢の変化により、グローバルサプライチェーンが影響を受け、化学肥料の安定供給に対するリスクが露呈し、この面でも化学肥料の高騰が予測されます。もちろん、穀物需要の高まりによる化学肥料の使用量増からも化学肥料価格の高騰もあります。このような中で、肥料成分の地産地消に目が向けられないはずがありません。将来的には農業におけるコンポストの重要性が高まります。しかし、その原料として牛ふん、豚ふん、鶏ふんなどの家畜ふんの入手は限定的になります。家畜を飼育するためには餌として穀物が必要であり、牛肉1kgの生産に必要な穀物量はとうもろこし換算で11kg、豚肉では6kg、鶏肉では4kgとなります。また、私たちが食材を通じてタンパク質を得る場合の

食材ごとのCO_2排出量の面から考えると、牛肉のタンパク質100g当たりのCO_2排出量は50kg-CO_2、豚肉では7.6 kg-CO_2、鶏肉では5.7 kg-CO_2、大豆では0.1kg-CO_2といわれています。このように大量の家畜を飼育するタンパク質の供給は、食料問題と地球温暖化問題の点からも見直され、容易に入手していた家畜ふんが入手困難になってくることが予想されます。このように考えると、自ずとコンポストの原料としての生ごみの位置づけが高まることになります。

　持続可能な農業のためのコンポストの使用、土壌中炭素貯留による地球温暖化対策としてのコンポストの使用、飼料用穀物栽培抑制とCO_2排出抑制の視点からの大量家畜飼育の再考、グローバルサプライチェーンのリスク露呈等による肥料成分の地産地消の取り組みなど、コンポストの製造と使用に対して熱い視線が注がれることになると考えています。この時、様々な地域において、現地で容易に適正化を図ることができる技術をベースとする、また、そのように技術指導を行うことができる体系化された技術が必要とされています。

　2012年に実施したニカラグアでの高倉式コンポストのセミナーにおいて、参加した農家の発言がこれを物語っていると思います。

　『農家は貧しい人が多く、化学肥料は高価なので買うことができません。農業には自分でつくったコンポストを使用しています。このセミナーに参加することができてとてもうれしく思っています。私が取り組んできたコンポストのつくり方に間違いがなかったことが確認でき、そして、理論的な裏付けができました。』

　以上のような観点から、高倉式コンポストは将来的にも、家庭コンポスト〜中小規模コンポストセンター〜大規模コンポストセンターなど規模の大小を問わず、様々な地域で使用されることを切に願っています。

　まるで「なぞかけ」のような出だしになってしまいました。私がコンポスト技術「高倉式コンポスト」を開発するに当たり、参考とした考え方を簡単に紹介したいと思います。

　「高倉式コンポスト」は全く新しい技術でも最先端の技術でもありません。斬新的といわれることもありますが、実はその技術内容は既存のコンポスト技術の応用です。どちらかといえば基本理論の応用といえます。余談になりますが、私がコンポスト技術を自社研究として進めるに当たり、大学の教授にアドバイスを求めた時の様子をお話したいと思います。

　2000年当時、自社研究として「生ごみコンポスト化」をテーマとして取り上げ、コンポストに係わる様々な情報を入手し、自分なりに独学で整理していました。ある程度の知識をインプットしたところで、間違いのない知識・深みを得るために、コンポストに係わる研究をされている微生物学の教授に話を伺いに行きました。

　「先生、生ごみコンポストをテーマに自社研究をスタートしたのですが独学でしかなく、得ることができた知識とその整理について自信が持てないでいます。今以上に深い知識を得るなどレベルアップを図りたいのですが、参考となる文献・図書、また、研究の方法についてアドバイスしていただけないでしょうか。よろしくお願いします」

　「君ね、今さらどうしてコンポストを研究テーマに取り上げたのかな？」

　「コンポストは過去のテーマだよ。既に研究し尽くされているといえるね」

　「えっ！」私はこの言葉を聞いた時に愕然と…

　愕然としませんでした。逆に研究をやり遂げるんだとファイトが出てきました。十分に研究されているということは、コンポストに係わる様々な

技術やシステムがあるということです。しかし、私がリサーチした範囲ではありますが、一般家庭を対象とする生ごみコンポストについての成功事例は数例しか見つけることができませんでした。また、成功事例にしても様々な課題を抱えていました。

すなわち、研究し尽くされるほど参考となる情報は山ほどあるものの、それが上手くシステムとして適用できていないということです。これを逆手に取って、既存の情報や技術を上手に活用することができると喜びました。

先生からは手厳しいお言葉をいただきましたが、同時にコンポストに関する多くの情報もご教授いただきました。深く感謝しております。

さて、生ごみコンポストの自社研究は無事決裁もおり、試行錯誤を繰り返しつつも順調に進め、北九州市内の一般家庭を対象とする生ごみコンポストモデル事業も実施することができ、実践を通じて様々な知見やノウハウを積み上げてきました。しかし、それらがインドネシアで通用するとは限りません。得ることができた知見やノウハウをインドネシアの気候・風土、習慣等に合わせてモディファイする、すなわち技術の適正化を図る必要があります。この時役立ったのが技術の因数分解です。

コンポスト技術を各要素まで因数分解し、それぞれに適した代替物を探し、それを組み合わせることで、最適な技術の解を得ることができるという考え方です。また、因数分解することで技術を伝える、指導する場合に、「分かりやすい」ということにもつながります。

1つ例題を使って一緒に考えてみましょう。

ここに新鮮な豚のブロック肉があります。この豚肉を食材として何種類の料理を作ることができるでしょうか。使用する調味料などは自由ですし、味覚は人それぞれの好みになるので、できあがった料理が美味

しそううんぬんは問いません。自由な発想で考えてみてください。

　さて、あなたは何種類の料理を思い浮かべることができましたか。豚しゃぶ、豚汁、焼豚、ソテーなどなど十種類程度は出てきましたか。いえいえ、そんな程度では物足りないですね。調味料や味にはこだわらないとのただし書きが入っていることを思い出してください。ここでは、私の好きなイタリア料理のピカタを例に考えてみましょう。調理手順は次の通りです。調理手順ということは調理方法を因数分解することになります。

　①豚のブロック肉を5mm厚に切り、筋を切って叩いて薄くする。（豚　　肉を切る）

　②豚肉に塩・コショウを振り下味を付ける。（下味）

　③豚肉の両面に小麦粉を付ける。（衣）

　④これを溶き卵にくぐらせる。（溶き卵）

　⑤フライパンを熱し油を引く。（油）

　⑥溶き卵にくぐらせた切り身に火を通し両面に焼き色を付ける。（焼　　く）

　⑦フライパンをきれいにしソースをつくる。（ソース）

　⑧皿に盛り付けソースをかける。（盛り付け）

　これで完成ですが、次に各要素①～⑧について代替方法を考えます。

　①豚肉を切る

　　5mm程度にスライスする、薄くスライスして重ねる、一口サイズに　　切る、細切れにして成形する、ミンチにして成形する　5種類

　②下味

　　塩、コショウ、カレー粉、しょう油、にんにく、味噌　6種類

　③衣づくり

　　小麦粉、片栗粉、米粉、とうもろこし粉　4 種類

④溶き卵

　　ニワトリ、うずら、ダチョウ　3 種類

⑤油

　　サラダ油、オリーブ油、大豆油、菜種油、紅花油、ゴマ油、つ
　　ばき油、紫蘇油、こめ油、コーン油　10 種類

⑥焼く

　　レア、ミディアム、ウェルダン　3 種類

⑦ソース

　　バター、しょう油、カレー、ウスターソース、マヨネーズ、トマトケ
　　チャップ、中華出汁、ヴィヨン、ミグラスソース、チーズ、バジル
　　ソース（ハーブ）　11 種類

⑧盛り付け

　　盛り付け用の皿や付け合わせの野菜等がありますが、ここでは 1
　　種類とします。

　ざっと考えただけでも様々な代替案が出てきました。後は①〜⑧まで
の組み合わせを考えるだけですが、先ほど述べた通り味にはこだわら
ないとすると、数学的に考えるだけです。

　$5 \times 5 \times 4 \times 3 \times 10 \times 3 \times 11 \times 1 = 99,000$

　豚肉のピカタという限定した料理であっても、99,000 種類の料理が
できあがりました。油を数種類混ぜ合わせたり、ソースも数種類混ぜ合
わせることを考えたりすると、とてつもない数になります。固定観念に捉
われずに要素にまで分解し、様々な組み合わせを考えることで、相手
の好みに合わせた究極の一品をつくることも可能です。

　私の経験からになりますが「この技術しかない」「この技術が一番
だ」と思いこまずに、その技術をベースとしながらも地域に適した技術

の提供、技術の最適化が必要であると考えています。その結果が現
地の社会システムを変えることができるイノベーションにもつながってい
くのではないでしょうか。

寄　稿	広がる高倉式コンポスト
	株式会社ecommit　営業開発部　営業企画グループ　マネージャー
	向井　俣太

　私は、環境教育系の研修コーディネーターとして髙倉弘二先生に幾度となく講義を依頼し、その講義に付き添ってきました。髙倉さんは、技術そのものの確立に成果をあげられたことは言うまでもありませんが、私の立場から強調したいのは、その普及活動における功績です。「どのように伝えて実践に結びつけるか」という観点を追求され、その知見を内外の皆様に伝えていることです。これは、「良い技術である」というだけでは普及しない現実に向き合うものであり、世界各地で廃棄物の問題に向き合う人たちにとって心強い応援であったと思います。

　印象に残る研修があります。JICAが実施する青年海外協力隊の隊員候補生に対する派遣前技術補完研修です。

　これは、髙倉さんが伝える1つの技術とその普及活動というミクロな視点と、人々の活動が街の歴史にどのような影響を与えたかというマクロな視点を組み合わせ、知識のみならず青年海外協力隊活動が生み出す未来の価値をもイメージしてもらいたいという意欲的な研修でした。JICA九州と北九州市の皆様のご協力により、少なからず不安を抱える派遣前の青年海外協力隊員への応援になったと思っておりますが、そこには髙倉さんの存在が欠かせないものでした。

青年海外協力隊と北九州研修

　私は、2011年から新型コロナウイルス感染症拡大の影響などで研修体制が変わるまで、青年海外協力隊・環境教育分野の隊員候補生に対する研修コーディネートをさせて頂きました。

　当時、私は環境教育系NPOに勤務しており、この研修がプロトタイプの

実施を経て、導入が検討された段階でJICAよりコーディネートのご依頼を頂きました。それ以来、約8年にわたり年4回の北九州研修を担当し、すべての研修に高倉式コンポストの講義を組み込んで実施させて頂きました。

　この技術については、青年海外協力隊でもそれ以前から国・地域別に海外で講義が行われていました。各隊員の現地活動における効率向上の観点から、隊員には派遣前にその概要を把握してもらい、現地カウンターパートへの概略説明や提案ができる状態を作りたいというのが導入のきっかけでした。海外でカウンターパートを交えた研修が企画された場合、より実践の現場に近い議論ができるようにしたいというわけです。

　開催地は北九州市が選ばれました。髙倉さんが住んでいる街であり、またJICAの拠点があるという背景に加え、公害問題と向き合ってきた街の歴史が環境教育分野の候補生にとって価値あるものだと考えられたからです。私は、「北九州の街と人がつなぐ知識、経験、伝えること」というテーマを提案させて頂きました。

　髙倉さんには、この研修の企画段階から参画して頂き、1週間の研修期間の約半分をコンポスト化技術にあてるカリキュラムを作成しました。髙倉さんは、当時、北九州市に事業所を持つJ-POWERグループの企業にお勤めでした。そこには生ごみコンポスト化技術習得を目指す人が集う「道場」がありました。ネパールでの青年海外協力隊への参加後、髙倉さんと共に働いていた八百屋さやかさんもいました。青年海外協力隊活動の現場をイメージするうえで研修に大きな影響を与えてくださった人物です。

　髙倉さんは、座学の時間も設けながら、手作り教材の実演や森で行うフィールドワークなど様々な要素を交えて講義を設計していました。どれも対話型・参加型であることが考慮されていて参加者を飽きさせない工夫がありました。結果的に、髙倉さんの講義を体験した隊員候補生の中で、自分が伝える側に回った時に、何かの取扱説明書のような「事実を羅列するだけの講義」をする人は一人もいなくなります。「伝える」ことの多彩さへのイメージ

が広がるからです。この「伝える」ことの重要性に対する認識は、技術の普及を助ける実践的な考えであり、高倉式コンポストの体系に組み込まれていることは特筆すべきことと思います。

さて、髙倉さんがこの「伝える」ことへのアプローチを重視されていることは、その経験が背景にあることは言うまでもありません。端的に言うと、プロジェクトの現場で苦労されたのでしょう。

その苦労が生み出しているものと私は推測します。候補生たちが髙倉さんから受ける最大の影響は、インテグリティ（integrity）という言葉に集約されていると思います。経営学の父といわれるピーター・ドラッカー先生は、リーダー論やマネジメント論の中でその重要性を説いています。日本語訳すると、正直、誠実、高潔、品位、あるいは、統合性、完全性などが当てはまるでしょうか。実際にそれを感じたのはいつかと問われると返答に窮しますが、私は、候補生たちが髙倉さんの講義にそれを感じ取ったと思っています。

髙倉さんが講義で話してくださったエピソードがあります。通訳さんが激怒したというものです。

ある暑い日、髙倉さんは、インドネシアでコンポストをかき混ぜる作業を熱心に行っていて、その周りには講義の受講者でしょうか、それを見守る現地の人たちがいました。突然、通訳の女性が怒り出し、涙ながらに周囲の人に何かを言い始めます。インドネシア語なので髙倉さんもよく理解できなかったようですが、周りの人がそそくさと手伝い始めたとか。推測するに通訳の女性は、「私は恥ずかしい。日本人のタカクラが私達の街のためにこんなに頑張っているのに、あなた達は見ているだけなのか！」といった感じのことをおっしゃったのでしょう。

この女性は通訳ですから、髙倉さんに帯同して視察、講義から会合までずっと一緒だったのです。そして、髙倉さんのことを一番よく見ていた人だっ

たのでしょう。人柄といってしまうと少し単純すぎるかもしれませんが、この女性が感じていたのは、髙倉さんのインテグリティではないかと思います。

　ジャーナリストの池上彰さんは、テレビ番組で高倉式コンポストを取材されました（ザ・ベストハウス123　2010年3月3日放送：救世主と呼ばれた日本人 ゴミの山を消し去った男）。

　すごい、偉いとの評価に対して髙倉さんが「北九州の仲間がいたからできたのです」と語ったというエピソードで取材を締め括っています。池上さんもまた髙倉さんのインテグリティを見たのだと思います。

　プロジェクトの成功には様々な要素があります。実行者のインテグリティはその1つでしょう。候補生たちは、髙倉さんのユーモアあふれる言葉遣いや動作、工夫された手作り教材、講義進行の配慮、休憩中の心遣いなど様々なことから何かを感じ、その何かが髙倉さんの功績を作っていることを体感します。インテグリティとは、持てといって持てるものでもなく、言葉で伝えても伝わるか分からないものです。それを説明するための体験を髙倉さんの講義は提供してくれたのです。北九州研修では、「髙倉さん」を経験する機会を通して、あるいは、公害の街から環境都市への変貌を目指す北九州市の人々から、それを感じる機会を作ることができたと考えています。

　講義が終わって帰りのバスに乗り込む候補生に私は声をかけます。

　「まだ油断するな、外を見ろ！」

　そこには、髙倉さんと八百屋さんが立っていることを知っているからです。いつもバスが見えなくなるまで私たちに手を振ってくださるのです。

　ある候補生が研修後のアンケートにこんなことを書きました。

　「私に足りないのはこういうことだと思いました」

　手を振るお2人の姿のことです。

　この研修にインテグリティの要素を織り込むことができたのは、北九州市の皆様のおかげです。特にその中心的な役割を担って頂いた髙倉さんには感謝

の言葉しかありません。この経験を持って世界各地へ向かった彼らにとって大きな応援になったことは間違いありません。

　私からお礼をというのもおかしな話ですが、青年海外協力隊ファンの一人として、あらためて深くお礼を申し上げたいと思います。

あとがき

　JICA緒方貞子平和開発研究所竹川さんから、JICAのプロジェクト・ヒストリー企画として「スラバヤ市での活動を中心に執筆してみませんか」とのお誘いを受けました。実は、2007年に一度、本にまとめてみようと挑戦したことがあります（途中で頓挫しましたが）。というのも、2006年にインドネシア国の元森林大臣だった方が高倉式コンポストに興味を持ち、一度話を聞きたいと自宅に呼んでいただき、プレゼンテーションをしたことがあったのです。そのとき、書棚を何気なく見ると、ご自分で執筆された本が数冊並んでいました。私は「本を何冊も執筆されたのですね」とお聞きしたところ、彼から「自分の活動を本として書き残すことは大切です。あなたもスラバヤ市での活動を本としてまとめると良いです。是非そうしなさい」とアドバイスを受けました。そのことが15年ぶりに蘇り、竹川さんのお誘いには二つ返事で執筆したい旨の返事をし、それが実現いたしました。このような執筆の機会を与えていただき深く感謝を申し上げます。

　また、執筆に当たっては、私の強い想いも入っており、客観的な視点で述べるべきところを偏って記述している部分があると思いますが、そこはヒストリーとしてスポットを当てている本人が記述しているということで、割り引いて読んでいただければ幸いです。

　最後に、私が国際協力活動を通じて考えたこと、気づいたことについて述べることで「あとがき」に代えたいと思います。

"驚き・感動・笑顔"

　私は人々に物事を伝えるときに一番大切なことは、必要なことは、『驚き・感動・笑顔』であることに気付きました。
第一に、「こんな技術があったのか」「このような考え方もあるのか」などの

驚きを持つ。

第二に、「自分たちにもできる」「その考えを取り入れる」などして行動したことで、身近な「変革」を感じ、これに感動する。

最後には、「生活が良くなる」「環境が改善される」など人々の役に立ち、自然と笑みがこぼれる。

　私たちが日本で生活するうえでの身の回りのことを考えてみましょう。例えば、日本では蛇口をひねれば水が出てくるのは当たり前です。しかも、"安くて安全な飲み水"です。しかし、それでは満足できずに、さらに美味しい水、安全な水を求め、ペットボトル入りのミネラルウォーターを買うこともあります。また、お腹がすいたから何か食べたいなと思えば、時間を問わずにコンビニエンスストアに行けば、豊富な食べ物が並んでおり、煌々と照る灯りの中で好きなものを手に取ることができます。　このように今の日本は便利で物が満ち溢れています。そして、私たちが日常受けているサービスは、実は、痒いところに手が届くだけでなく、痒くなりそうだなと思えば掻いてくれることまでを提供しており、本当に贅沢なことです。少しずつ生活が改善され、「ありがたい」と感じていたことが当たり前のことになってしまうと、そのありがたさが分からなくなり、逆に当たり前が少し足りないだけで不満に感じてしまいます。ところが、開発途上国を訪れ、現地の生の生活の現場に足を踏み入れると、この日本の当たり前が全く通用しません。物質的な豊かさについては経済の発展にともなって、品数豊富で24時間営業も当たり前になりつつありますが、こと廃棄物処理についてはその整備が追い付いていません。

　私の本格的な国際協力の始まりは、インドネシア国スラバヤ市であり、そ

こでは廃棄物処理システムが上手く機能していませんでした。住民の方は家の中にごみが溜まってしまうので、川に投げ込んだり、空き地に捨ててしまう。これが当たり前でした。特に生ごみは、暑い国なので1日経てば腐ってしまい、悪臭・害虫の発生、そして不衛生の源でしかありません。そこに、高倉式コンポストで家庭コンポストに取り組むことで、生ごみは一日も経てばほとんど形は無くなり、衛生的に処理することができるようになりました。

　住民の皆さんに家庭コンポストのデモンストレーションをすると、これには皆さん驚きます。生ごみは腐るものと思い込んでいたからです。次に、"自分でもできるだろうか？"と半信半疑で試してみると、"自分でもできた""生ごみが消えた"と感動します。家庭コンポストを続けることで、不衛生な生ごみが家庭から無くなるだけでなく、できたコンポストを使って緑が増え、家族の病気も少なくなった。自然と笑みがこぼれてきました。こうなってくると高倉式コンポストの効果に対する半信半疑がうそのように晴れ、特に主婦の口コミで「高倉式コンポスト（家庭用）」として広がって行くことになりました。

＊

　このように書いてしまうと、スラバヤ市でのプロジェクトは順風満帆であったように思われるかもしれませんが、決してそうではありません。当時を思い出すと思わず涙が零れ落ちるというほどの大問題が、プロジェクトの初っ端から発生しました。それはカウンターパートである現地NGO代表から返ってきた言葉が、「私たちは、あなたたちの技術を必要としていない！日本に帰ってくれ!!」だったことです。「決して上から目線にならず、相手と同じ立場で接する」よう気を付けていたのに・・・。

これが、私の国際協力の第一歩です。

　でも、「ここで帰るわけにはいかない。来たからには現地に貢献できる何かを残したい、残さなければならない」。そのためには、「できない理由を探すのではなく、どうすればできるかを考えよう」と心の中で何度もつぶやきました。さらに、指導する技術が借り物ではなく現地技術として定着できるように、現地での技術の最適化を図り、必要な資機材はすべて現地で調達しました。

　この技術を現場で先頭に立って懸命に伝え（熱中症にかかりそうになりながらも）、真剣に議論を戦わせ、昼には同じ釜の飯を食べ、休憩時には歌い・踊りの楽しみを含みながら、全員が一緒になって取り組みました。その時に忘れてはならないのが、"やってみせ、言って聞かせて、させてみて、ほめてやらねば、人は動かじ"（山本五十六）という、人を動かすときの姿勢です。その結果、プロジェクト終了時には、「日本人の試験研究の技術、時間管理・使い方、勤勉さを目の当たりにし、コンポスト技術以外にも多くのことを学ぶことができた。ありがとう！」と、先のNGO代表から気持ちを打ち明けられ思わず涙しました。そして、お互いに満面の笑みを浮かべて抱き合いました。

　私はこのような経験を得たことで、現地の方々に指導する技術が良いものだと理解していただく一番の方法は、"驚き・感動・笑顔"を提供することだと感じました。また、技術指導時、特に住民の方々に説明するときは、同じ目線に立った"笑顔"と"楽しく参加する"ことも大切であることは言うまでもありません。私がインドネシア国スラバヤ市で取り組んできた"高倉式コンポスト"の技術指導は、"驚き・感動・笑顔"を伴いながら、廃棄物量削減という大きな成果をあげることができたと考えています。

"俺が俺がの我（が）を捨てて、お陰お陰の下（げ）で生きる"

　高倉式コンポストがスラバヤ市を越えてインドネシア国内に広がり始めただけでなく、東南アジアの他国へも広がりを見せ、日本のマスメディア等でも取り上げられたときのことです。尊敬する方から"俺が俺がの我（が）を捨てて、お陰お陰の下（げ）で生きる"の言葉をプレゼントしていただきました。涙が溢れるほど大切な言葉です。

　現在、高倉式コンポストは、アジア圏や中南米を中心として様々な国・地域で活躍しています。当然のことですが、私一人の力でここまで普及したわけではありません。私の役割は技術開発と技術の指導だけ。私に手を差し伸べてくださる方々がいなければ、2004年4月の時点でこのプロジェクトは終わっていました。当時、私が所属していた会社の新規事業案件として生ごみコンポストに取り組んでいたので、社が継続しないと判断した限りはそれに従うことになります。そのため、私は真剣に環境分析に取り組むつもりでいました。しかし、公益財団法人北九州国際技術協力協会（KITA）から、スラバヤ市でのコンポスト活動の依頼を受け、現地で志を同じくして活動した石田さん、スラバヤ市及びNGOプスダコタの方々の協働で、高倉式コンポストという花が咲きました。そして、会社関係、北九州市、公益財団法人地球環境戦略研究機関（IGES）及びJICA九州・青年海外協力隊事務局の方々など、多数の方々から活動をより良くするためのアドバイスをいただき、知恵を授かり、また一緒に汗を流しました。すなわち、多くの方々の"協働"の上に私が乗せていただいた結果、今日があるのです。

　高倉式コンポストという花が咲き、様々な方々から評価を受け始めた当

時、私は"やった"といううれしさばかりが前面に出てしまい、人に対する感謝の心が出ていなかったのだと思います。でも、あるとき、『片岡仁左衛門 芝居譚』の一節を紹介している新聞記事を読んで、ホッとしました。

「20代はよく見られたい一心、30代はほめられたい一心、40代は尊敬する大先輩のようになりたい、50代にはいい役者といわれたいと思った。60ともなると、なんとかいい芝居をお見せしなければと考え、70になると役になりきらねばと苦心するようになった。80も半ばのこのごろはもう何も考えなくなった」──千両役者であっても、自分中心に考える（我）年齢を経験するのだと。

今後も、"俺が俺がの我（が）を捨てて、お陰お陰の下（げ）で生きる"の言葉と気持ちを忘れずに活動して行きたいと思っています。

*

日本人が世界に誇ることができる気質 "サービスの心と協働"

先に、日本では"過剰なサービスが行われ、また、求められている"と記述しました。しかし、日本人が本来持っている"サービスの心"は素晴らしいものです。

2010年9月の新聞記事を読んで、「なるほど！」と思いました。

記事を寄稿された方が、ある躍進する中国企業を訪れた時、企業の目標が3つ掲げてあることに気付きました。

1. 品質はドイツを目指せ

2. 価格は中国を目指せ

3. サービスは日本を目指せ　　だったのです。

私にとってこの記事は、まさに目からウロコでした。私は、世界の日本に対する評価は、「高い技術力と品質である」とばかり思い込んでいました。しかし、高く評価されていたのは「日本のサービス」でした。言葉を言い変えると「高い技術や品質は他の国も既に持っている。しかし、ことサービスだけは、日本が抜きん出た力を持っている」と表すことができるでしょう。

　そして、私はこの記事を読んで国際協力においてのサービスということについて考えてみました。サービスが意味するところは幅が広すぎ、一言で表すことは難しいかもしれません。しかし、サービスの根本とするところ、共通する部分は「お互いが相手の立場に立ち、同じ目線で物事を考える」であり、それはとりもなおさず、本当の意味での【協働】であると考えています。

　JICAの様々な事業・取り組みを通じて、海外で認められたコンポスト技術「**高倉式コンポスト**」が確立されただけでなく、“**驚き・感動・笑顔**”、“**俺が俺がの我（が）を捨てて、お陰お陰の下（げ）で生きる**”、そして、“**サービスの心と協働**”を知ることができ、私の座右の銘としています。

　改めまして、JICAの皆様、北九州市、公益財団法人 北九州国際技術協力協会（KITA）、公益財団法人 地球環境戦略研究機関（IGES）、J-POWER（電源開発株式会社）グループの皆様、そして、私に手を差し伸べてくださった皆様に厚くお礼申し上げます。

2023年3月

髙倉 弘二

JICA 協力実績

実施年	件　名	実施場所
2004年	JICA「NGO技術者派遣制度」（堆肥化専門家）	インドネシア国スラバヤ市
2009年	平成21年度インドネシア国市民参加型廃棄物管理推進事業の堆肥化技術指導	インドネシア国スラバヤ市マカッサル市ジャカルタ市
	平成21年度マレーシア国市民参加型廃棄物管理推進事業の堆肥化技術指導	マレーシア国クアラルンプール市シブ市
	廃棄物管理関連の高倉式コンポスト本邦研修（タイ国等）	JICA九州
2010年	平成21年度インドネシア国市民参加型廃棄物管理推進事業の堆肥化技術指導（第2回）	インドネシア国マカッサル市ジャカルタ市
	平成21年度マレーシア国市民参加型廃棄物管理推進事業の堆肥化技術指導	マレーシア国シブ市
	フィリピン・メトロセブ地域における廃棄物管理手法の確立（他事業）時にJICA青年海外協力隊員5名の活動をサポート	フィリピン国セブ市
	廃棄物管理関連の高倉式コンポスト本邦研修（ジンバブエ国等）	JICA九州
	環境教育隊員技術補完研修（試行）	北九州市
2011年	平成21年度マレーシア国市民参加型廃棄物管理推進事業の堆肥化技術指導	マレーシア国シブ市
	地域参加型廃棄物管理業務	マレーシア国ハントワジャヤ特別市
	高倉式コンポスト技術研修（オンライン）	JICA九州
	高倉式コンポストマルチメディア教材制作「生ごみ堆肥（コンポスト）化の推進によるごみ減量のすすめ」「高倉式コンポストの技術」	JICA九州
	生ごみコンポスト（高倉式コンポスト）Ｑ＆Ａ集作成	JICA九州
	廃棄物管理関連の高倉式コンポスト本邦研修（サモア国等）	JICA九州
	環境教育隊員技術補完研修（2回）	北九州市
2012年	地域参加型廃棄物管理業務	マレーシア国ハントワジャヤ特別市
	高倉式コンポスト技術研修 フォローアップ（オンライン）	JICA九州
	エルサルバドル環境教育広域研修（環境教育分野ボランティア活動支援）	エルサルバドル国
	リオ+20（日本パビリオンにてJICAの生ごみリサイクルの取り組みとして高倉式コンポストを紹介・講義）	ブラジル国
	廃棄物管理関連の高倉式コンポスト本邦研修（アンティグア・バーブーダ国等）	JICA九州
	環境教育隊員技術補完研修（1回）	北九州市

実施年	件　名	実施場所
2013年	地域参加型廃棄物管理業務	マレーシア国ハントワジャヤ特別市
	インドネシア共和国西ヌサ・トゥンガラ州における廃棄物管理業務の効率化事業	インドネシア国西ヌサ・トゥンガラ州　ロンボク
	高倉式コンポスト在外研修 （環境教育分野ボランティア活動支援）	コスタリカ国
	廃棄物管理関連の高倉式コンポスト本邦研修（ケニア国等）	JICA九州
	環境教育隊員技術補完研修（4回）	北九州市
2014年	メダン市における廃棄物管理改善事業	インドネシア国メダン市
	JICAスリランカ国環境教育分野ボランティア活動支援調査 （高倉式コンポスト在外研修）	スリランカ国
	高倉式コンポスト在外研修 （環境教育分野ボランティア活動支援）	ジャマイカ国
	廃棄物管理関連の高倉式コンポスト本邦研修（トルコ国等）	JICA九州
	環境教育隊員技術補完研修（4回）	北九州市
2015年	メダン市における廃棄物管理改善事業	インドネシア国メダン市
	マレーシア国フレーザーヒル廃棄物管理改善事業	マレーシア国フレーザーヒル
	環境教育分野巡回指導（環境教育分野ボランティア活動支援）	エクアドル国コスタリカ国ニカラグア国
	廃棄物管理関連の高倉式コンポスト本邦研修 （パプアニューギニア国等）	JICA九州
	環境教育隊員技術補完研修（4回）	北九州市
2016	メダン市における廃棄物管理改善事業	インドネシア国メダン市
	「コンポスト事業運営」フォローアップ調査	コスタリカ国エルサルバドル国
	廃棄物管理関連の高倉式コンポスト本邦研修 （セントルシア国等）	JICA九州
	環境教育隊員技術補完研修（4回）	北九州市
2017年	高倉式コンポスト在外研修 （環境教育分野ボランティア活動支援）	コスタリカ国グァテマラ国
	ブータン王国ティンプー市における廃棄物適正管理に関する技術移転事業	ブータン国ティンプー市
	廃棄物管理関連の高倉式コンポスト本邦研修 （アフガニスタン国等）	JICA九州
	環境教育隊員技術補完研修（4回）	北九州市

実施年	件　名	実施場所
2018年	自主事業 環境教育隊員フォローアップ （環境教育分野ボランティア活動支援）	スリランカ国
	ブータン王国ティンプー市における廃棄物適正管理に関する 技術移転事業	ブータン国 ティンプー市
	廃棄物管理関連の高倉式コンポスト本邦研修 （コスタリカ国等）	北九州市 JICA地球ひろば JICA市ヶ谷
	環境教育隊員技術補完研修（4回）	JICA市ヶ谷
2019年	ブータン王国ティンプー市における廃棄物適正管理に関する 技術移転事業	ブータン国 ティンプー市
	プノンペン都廃棄物管理改善事業（住民啓発）	カンボジア国 プノンペン都
	廃棄物管理関連の高倉式コンポスト本邦研修（パナマ国等）	JICA九州
	環境教育隊員技術補完研修（3回）	JICA地球ひろば
2020年	プノンペン都廃棄物管理改善事業（住民啓発）	カンボジア国 プノンペン都 JICA九州 （オンライン）
2021年	プノンペン都廃棄物管理改善事業（住民啓発）	JICA九州 （オンライン）
	廃棄物管理関連の高倉式コンポスト本邦研修 （カンボジア国等）	JICA関西 （オンライン）
	特別技術補完研修（1回） 課題別派遣前訓練（1回） （希望者は他の職種も参加可能）	オンライン
2022年	プノンペン都廃棄物管理改善事業（住民啓発）	カンボジア国 プノンペン都
	廃棄物管理関連の高倉式コンポスト本邦研修 （アゼルバイジャン国等）	JICA九州 （オンライン）
	廃棄物管理関連の高倉式コンポスト本邦研修 （コートジボワール国等）	JICA関西 （オンライン） JICA関西
	課題別派遣前訓練（4回） （希望者は他の職種も参加可能）	オンライン
2023年	プノンペン都廃棄物管理改善事業（住民啓発）	カンボジア国 プノンペン都
	廃棄物管理関連の高倉式コンポスト本邦研修 （コートジボワール国等）	JICA関西
	課題別派遣前訓練（1/4回） （希望者は他の職種も参加可能）	オンライン

参考文献・資料

⑴ 髙倉弘二：海外技術協力を通じた高倉式コンポストの技術移転に関する研究，九州工業大学大学院生命体工学研究科（2016）

⑵ 髙倉弘二，白井義人：開発途上国における生ごみコンポスト化技術「高倉式コンポスト」が果たした役割とその効果についての調査－インドネシア共和国スラバヤ市の事例－，廃棄物資源循環学会論文誌 第27巻，pp.84-91（2016）

⑶ 高倉弘二：開発途上国における生ごみ堆肥化技術の普及~地域技術として自立的に発展~,日立環境財団 環境研究（151），pp.16-24（2008）

⑷ 前田利蔵：堆肥化の推進と住民参加によるごみ削減スラバヤ市の廃棄物管理モデル分析，財団法人地球環境戦略研究機関（IGES）ポリシー・ブリーフ 第9号（2010）

⑸ D.G.J.Premakumara.：インドネシア・スラバヤ市における生ごみ堆肥化事業とアジアへの普及・拡大に対する支援，財団法人地球環境戦略研究機関（IGES）北九州アーバンセンター報告資料（2012）

⑹ M.T.Akino,M.Yoshida,S.Harashina：Surabaya's Context of Community Involvement in Solid Waste Management, 廃棄物資源循環学会研究発表会講演論文集, Vol. 21, P1-FA-6（2010）

⑺ USAID：HEALTH AND HYGIENE PROMOTION Best Practices and Lessons Learned Environmental Services Program, pp.24（2009）

⑻ Chair's Summary of the Fifth Regional 3R Forum in Asia and the Pacific, 25-27 February 2014 Surabaya Indonesia, pp.13（2014）

⑼ Partisipasi Masyarakat dlm Pengelolaan Lingkungan（2012）

⑽ 日経新聞：経済教育欄（2010年9月28日）

⑾ 日経新聞：詩歌教養欄（2020年12月26日）

⑿ 北九州局記者 来田あづさ：NHKスペシャル紹介ウェブサイト「シリーズ"ジャパンブランド"第2回"日本式"生活インフラを輸出せよ」

⒀ 東京都環境局総務部環境政策課：ゼロエミッション東京戦略 未来を切り拓き・輝きつづける都市を実現する脱炭素戦略

高倉式コンポストに興味を持ち、その内容を詳しく知りたいと思った方は、スラバヤでの高倉式コンポスト技術移転の経験を学術論文としてまとめた参考文献（1）と（2）をご参照ください。そして、実践的な内容については「遠隔技術協力　JICA-Net ／ https://www.jica.go.jp/activities/schemes/tech_pro/jica_net.html」へのアクセスをお願いします。そこではYouTube によるビデオの視聴とPDF ファイルの資料を入手することができます。

・ビデオ：「生ごみコンポスト化の推進によるごみ減量のすすめ」「高倉式コンポストの技術」

・PDF ファイル：コンポストテキスト

　また、コンポストテキストのPDF ファイルをJICA-Net から入手しにくい場合は、下記のURL も参照ください。

　公益財団法人　北九州国際技術協力協会（KITA）特設コーナー 高倉式コンポストを活用して廃棄物マネジメントの改善を目指す〜コンポストの基本理論から実践へ（シリーズ）〜 ／ http://www.kita.or.jp/cgi-bin/_special/dbdsp5.cgi?f_dsp=o&f_ack=o&c_01=5&mode=dsp_list

略 語 一 覧

IGES	Institute for Global Environmental Strategies ((公財)地球環境戦略研究機関)
JBIC	Japan Bank for International Cooperation((株)国際協力銀行)
JICA	Japan International Cooperation Agency((独)国際協力機構)
JOCV	Japan Overseas Cooperation Volunteers(青年海外協力隊)
J-POWER	Electric Power Development Co.,Ltd.(電源開発(株))
KITA	Kitakyushu International Techno-cooperative Association ((公財)北九州国際技術協力協会)
NGO	Non-governmental Organization(非政府組織)
NPO	Nonprofit Organization(非営利団体)
ODA	Official Development Assistance(政府開発援助)
SGC	Surabaya Green and Clean Campaign(SGC キャンペーン)

［著者］

高倉 弘二 (たかくら こうじ)

兵庫県生まれ。大学卒業後、電子部品メーカーを経て、電力系の会社に入社し環境関連の業務に従事。北九州市内の事業所に移動した後、2004年、北九州国際技術協力協会（KITA）より協力依頼を受け、インドネシア・スラバヤ市でコンポストの技術指導を実施。かの地で「高倉式コンポスト」を確立。九州工業大学で博士の学位を取得し、2016年に高倉環境研究所を設立・代表に就任。関西のお笑い文化で生まれ育ち、日常生活に笑いを求めることをベースに国内外で廃棄物管理改善や環境・エネルギー学習などの活動に従事。「高倉式コンポスト」は、東南アジア・中南米を中心に世界各国に広がりつつある。インドネシア スラバヤ市、バリクパパン市、エクアドル マカス市、フィリピン セブ市、ベトナム ハイフォン市そして、JICA九州から感謝状を拝受。

高倉式コンポストとJICAの国際協力

スラバヤから始まった高倉式コンポストの歩み

2023年3月31日　第1刷発行

著　者：高倉　弘二

発行所：㈱佐伯コミュニケーションズ　出版事業部
〒151-0051 東京都渋谷区千駄ヶ谷5-29-7
TEL 03-5368-4301
FAX 03-5368-4380

編集・印刷・製本：㈱佐伯コミュニケーションズ

ISBN978-4-910089-29-4　Printed in Japan

JICA プロジェクト・ヒストリー　既刊書

シリーズ全巻のご案内は☞